REISEBEGLEITER

GAËLLE ROSENDAHL | DORIS DÖPPES | SARAH NELLY FRIEDLAND
UND WILFRIED ROSENDAHL

HERAUSGEGEBEN VON
ALFRIED WIECZOREK UND WILFRIED ROSENDAHL

PUBLIKATION DER REISS-ENGELHORN-MUSEEN BAND 72

Verlag Dr. Friedrich Pfeil, München, 2016

BUCHIMPRESSUM

Herausgeber
Alfried Wieczorek und Wilfried Rosendahl

Autoren
Gaëlle Rosendahl, Doris Döppes, Sarah Nelly Friedland und Wilfried Rosendahl

Inhaltliche Konzeption
Gaëlle Rosendahl und Wilfried Rosendahl

Gestaltung
Kreger & Fries | PR- & Kreativ-Agentur

Wir danken National Geographic Deutschland
für die freundliche Unterstützung
mit Karten und Grafiken

Bibliografische Information der Deutschen Nationalbibliothek
Die Deutsche Nationalbibliothek verzeichnet diese Publikation
in der Deutschen Nationalbibliografie;
detaillierte bibliografische Daten sind im Internet über http://dnb.dnb.de abrufbar.

Satz und Layout: Kreger & Fries | PR- & Kreativ-Agentur

Herstellung und Vertrieb: Verlag Dr. Friedrich Pfeil, Wolfratshauser Str. 27, 81379 München
www.pfeil-verlag.de

Druck: PBtisk a.s., Příbram I – Balonka

Printed in the European Union

ISBN 978–3–89937–204–5

INHALT

VORWORT

>> Eiszeit und Safari, das klingt erstmal nach einem Widerspruch. Schließlich steht das eine im populären Verständnis für „kalt, eisig und lebensfeindlich", das andere für „sonnig, heiß und voller Leben". Auf den ersten Blick könnte das so stimmen, aber wenn man genauer hinschaut, erkennt man, dass es auch verblüffende Ähnlichkeiten gibt. Dies gilt z. B. für das Erlebnishighlight einer Safari im heutigen Afrika, die Begegnung mit großen, exotischen Tieren. Hier wären die „Big Five", also Elefant, Löwe, Hyäne, Nashorn und Büffel zu nennen. Mit Mammut, Höhlenlöwe, Höhlenhyäne, Wollhaarnashorn und Steppenbison gab es diese aber auch im Europa der letzten Eiszeit. Zugegeben, die Temperaturen waren damals deutlich niedriger, aber sehr sonnig war es auch.

Wie würde es sein, wenn man in der Zeit zwischen 30 000 und 15 000 Jahren vor heute auf eine Safari gehen könnte? Ausgehend von dieser Frage wurde in den Reiss-Engelhorn-Museen in den letzten Jahren wissenschaftlich fundiert eine besondere Erlebnisausstellung für Jung und Alt entwickelt. Diese sollte anders sein als bisherige Eiszeitausstellungen: erlebnisreich und mit vielen interaktiven und spielerischen Komponenten zur Wissensvermittlung.

Für Museen ist es sicherlich nichts Besonderes mehr, wenn davon die Rede ist, dass die Ausstellungsbesucher auf eine Zeitreise geschickt oder mitgenommen werden. Für die Ausstellung Eiszeit-Safari gilt das aber in mehrfacher Hinsicht und in besonderem Maße. Schließlich kommt das Wort „Safari" aus der Swahili-Sprache und bedeutet „Reise". Das Reisethema ist Leitfaden für die Ausstellung wie auch für dieses Buch, welches als ungewöhnlicher Reisebegleiter deshalb auch kein normales Ausstellungsbegleitbuch sein kann und will.

Wie die klassischen Reiseführer zu modernen Länderreisen, so möchte auch dieses Buch kurz und ansprechend die wichtigsten Informationen über Natur, Land und Leute zusammenfassen. Dies, um den Leser vorab zu informieren oder während der Reise von ihm als Nachschlagewerk genutzt zu werden. Alles wird natürlich angepasst an das ungewöhnliche Reiseziel „letzte Eiszeit" und den Charakter einer Safari. Neben allgemeinen Erklärungen zu den Themen

„Eiszeitalter" und „Eiszeiten", deren Entstehung, Vorkommen und Zukunftsaussichten stehen vor allem spezielle Informationen für Individual- und Gruppenreisende sowie Tier- und Pflanzenportraits im Vordergrund. Letzteres natürlich auch, um immer genau zu wissen, welchem tierischen Safari-Highlight man begegnet, wie die Gefahren einzuschätzen sind oder wie man später seine Erinnerungsfotos richtig benennt. Im Serviceteil bekommt der Reisende Antworten, Tipps und Erklärungen zu den wichtigsten und dringendsten Fragen des Urlaubsalltags. Wie wird das Wetter sein? Was ist die passende Kleidung? Was gibt es für Unterkünfte? Wo kann man einkaufen? Was gibt es zu essen? Wo bekomme ich Souvenirs? Was ist, wenn ich krank werde? Wo kann ich ausgehen und feiern? – Soweit einige Beispiele.

Etwas Besonderes ist dieser Reisebegleiter auch, weil er zusammen mit einer App den Inhalt zu einer einzigartigen, lebendigen Informationsquelle macht. Staunen, spielen, eintauchen – mit der App „Eiszeit-Safari" wirds möglich. Natürlich funktioniert das auch alles in der Ausstellung und natürlich hat diese die gleiche Inhaltsstruktur wie der Reisebegleiter. Bedeutender Unterschied ist aber, dass man nur dort Mammut & Co unmittelbar begegnen kann. Wissenschaftlich fundierte und außergewöhnlich lebensechte Rekonstruktionen machen dies möglich! Dass wir diese so zeigen können, verdanken wir einer großzügigen Förderung durch die Klaus Tschira Stiftung aus Heidelberg. Dafür, dass die Reiss-Engelhorn-Museen neue Heimat einer einzigartigen und äußerst reichhaltigen Sammlung eiszeitlicher Tierknochenfunde geworden sind, danken wir ganz herzlich der Familie Reis aus Deidesheim.

Abschließend möchten wir allen an den „Reisevorbereitungen" der „Eiszeit-Safari" beteiligten Personen, Institutionen und Firmen ganz herzlich für ihre tatkräftige Unterstützung und Mitarbeit danken. Besonderer Dank gebührt den tragenden Säulen des Projekts, namentlich Gaëlle Rosendahl, Sarah Nelly Friedland und Doris Döppes.

Alfried Wieczorek
Wilfried Rosendahl

EISZEITEN

WAS IST EIN EISZEITALTER?

>> Als Eiszeitalter bezeichnet man Abschnitte in der Erd-geschichte, in denen mindestens ein Pol vergletschert ist. Innerhalb eines Eiszeitalters kommt es zu Klimaschwan-kungen bzw. zu einem Wechsel von mehreren kälteren und wärmeren Phasen. Die kalten Phasen sind durch Tempera-turabsenkung und Gletscherwachstum gekennzeichnet und werden als Kaltzeiten oder Glaziale bezeichnet. Gemeinhin werden solche Kaltzeiten im populären Sinne auch mit dem Begriff „Eiszeiten" belegt. Die dazwischen liegenden, war-men Phasen zeigen dagegen eine Temperaturerhöhung mit teilweisem Gletscherrückzug. Sie werden als Warmzeiten oder Interglaziale bezeichnet.

Zur Abgrenzung vom populär geläufigen Begriff „Eiszeit" ist es daher wichtig, bei erdgeschichtlichen Abschnitten mit mehreren Kalt- und Warmzeiten von einem Eiszeitalter zu sprechen.

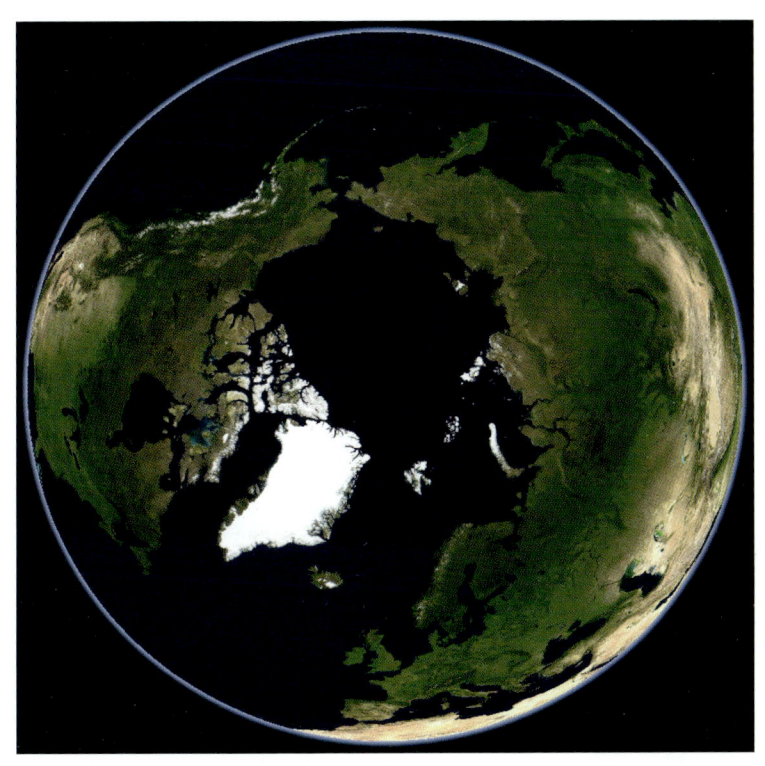

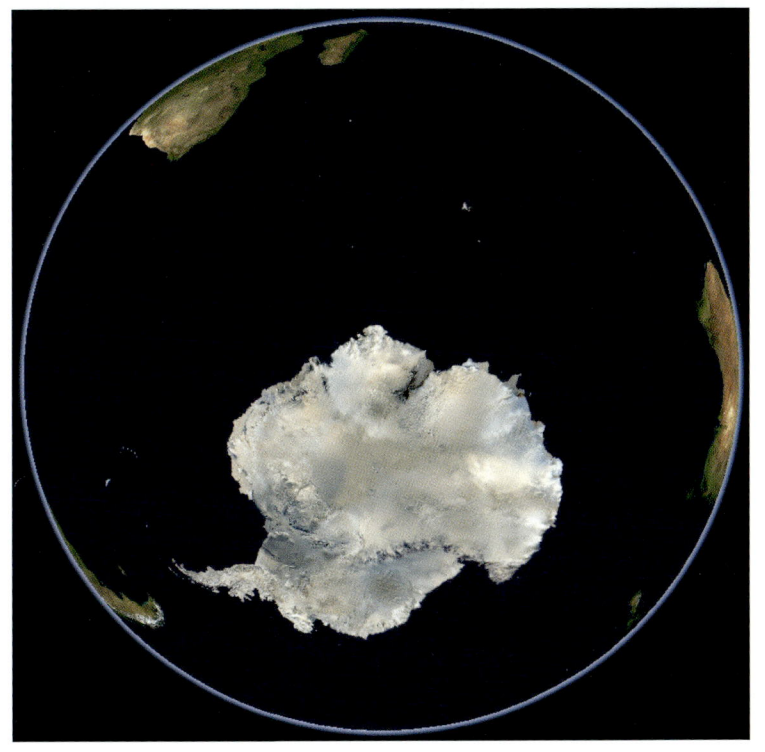

WAS IST EINE EISZEIT?

>> Als Eiszeit oder Kaltzeit bezeichnet man eine Zeitphase von mehreren Jahrhunderten oder Jahrtausenden mit tieferen Temperaturen und entsprechender Vergletscherung in Gebirgs- und Polarregionen oder auch darüber hinaus. Die Tier- und Pflanzenwelt in den betroffenen Gebieten ist durch kälteverträgliche Arten gekennzeichnet.

Zwischen den Kaltzeiten liegen Warmzeiten. Es handelt sich um Phasen zumeist kürzerer Dauer, mit deutlich höheren Temperaturen und geringerer Vergletscherung. Die Tier- und Pflanzenwelt ist durch wärmeliebende Arten geprägt. Kaltzeiten sind keine einheitlichen und durchgängig kalte Phasen. Auch innerhalb dieser Zeiten kann es zu kürzeren Klimaschwankungen kommen. Die wärmeren Abschnitte bezeichnet man als Interstadiale und die kälteren als Stadiale.

WIE ENTSTEHEN EISZEITEN?

>> Die Entstehung und Dauer von Eiszeiten ist an verschiedene Ursachen gebunden. So kann z. B. die Lage der Kontinente zueinander, ihre Nähe zu den Polen, die Gebirgsbildung, die Vulkanaktivität, die Lage von Meeresstraßen und der Verlauf von Meeresströmungen eine Rolle spielen. Eine der Hauptursachen liegt aber nicht auf der Erde selbst, sondern in Schwankungen der Umlaufbahn der Erde um die Sonne. Gemeint sind immer wiederkehrende Veränderungen in der Neigung der Erdachse zur Erdbahnebene (Obliquität), in der Umlaufbahn der Erde um die Sonne (Exzentrizität) und in den Schwingungen der Erdachse um die Erdbahnebene (Präzession). Diese auch als Erdbahnelemente oder Erdbahnparameter bezeichneten Eigenschaften führen zu Schwankungen in der Sonneneinstrahlung auf der Erde. War die Konstellation der drei Parameter zusammen am sonnenentferntesten, dann kam es in den letzten zwei Millionen Jahren immer wieder zu Kaltzeiten. Die Schwankungen in der Aktivität der Sonne selbst haben ebenfalls Einfluss.

Es müssen verschiedene sich verstärkende Parameter auf der Erde selbst wie im Weltraum zusammenkommen, um eine Eiszeit bzw. ein Eiszeitalter auszulösen.

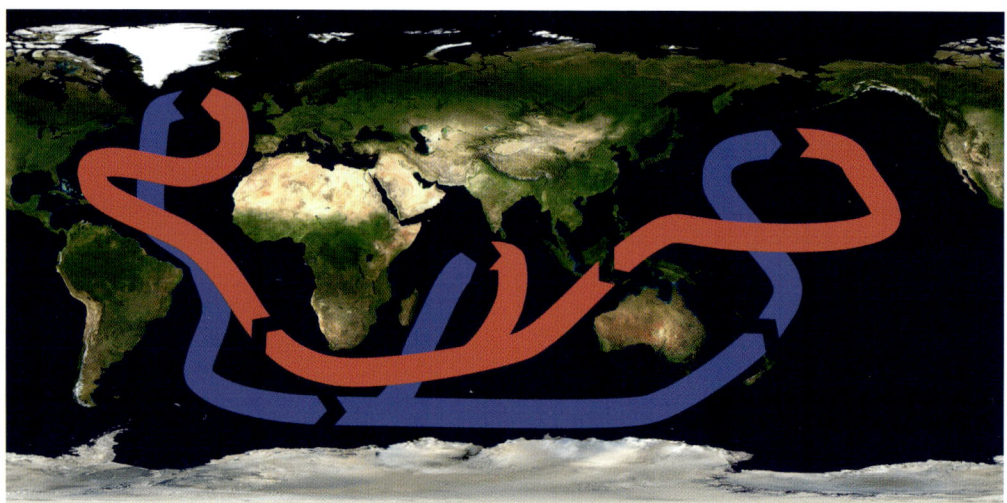

WANN GAB ES EISZEITALTER AUF DER ERDE?

>> Auch wenn die Erde eigentlich ein „warmer" bzw. zumeist weitestgehend eisfreier Planet ist, so gab es im Verlauf der Erdgeschichte immer wieder Eiszeitalter mit unterschiedlicher Dauer und großen Vereisungsphasen. Das früheste bekannte Eiszeitalter (huronische Vereisung) gab es im Proterozoikum vor etwa 2,4 Milliarden Jahren. Zu einer fast kompletten Eisbedeckung der Erde („Schneeball-Erde") soll es während zweier Eiszeitalter (sturtische und marinoische Vereisung) am Ende des Proterozoikums im Zeitraum von vor 735 bis 635 Millionen Jahren gekommen sein. Weitere bedeutende Eiszeitalter gab es z. B. an der Grenze Ordovizium/Silur vor etwa 450 Millionen Jahren (Anden-Sahara-Vereisung) und an der Grenze Karbon/Perm vor etwa 360 Millionen Jahren (permokarbonische oder Karoo-Vereisung). Das aktuelle Eiszeitalter wird, wenn der Beginn der Vergletscherung der Antarktis vor etwa 33 Millionen Jahren als Startpunkt gesehen wird, als känozoisches Eiszeitalter bezeichnet. Legt man jedoch die zusätzliche Vereisung der Arktis vor 2,6 Millionen Jahren zugrunde, spricht man vom quartären Eiszeitalter.

ERDZEITALTER

Beginn vor Mio. Jahren

EISZEITALTER

Beginn vor Mio. Jahren — Dauer in Mio. Jahren

ERDZEITALTER			EISZEITALTER		
Äon	Beginn vor Mio. Jahren	Periode	Beginn vor Mio. Jahren	Dauer in Mio. Jahren	
KÄNOZOIKUM	2,6	Quartär			
KÄNOZOIKUM	23	Neogen	33	33	* Känozoisches Eiszeitalter
KÄNOZOIKUM	66	Paläogen			
MESOZOIKUM	145	Kreide			
MESOZOIKUM	201	Jura			
MESOZOIKUM	252	Trias			
PALÄOZOIKUM	299	Perm			
PALÄOZOIKUM	359	Karbon	360	100	* Karoo-Eiszeitalter
PALÄOZOIKUM	419	Devon			
PALÄOZOIKUM	443	Silur	450	30	* Anden-Sahara-Eiszeitalter
PALÄOZOIKUM	485	Ordovizium			
PALÄOZOIKUM	541	Kambrium			
PROTEROZOIKUM			582	2	* Gaskiers-Eiszeitalter
PROTEROZOIKUM			650	15	* Marinoisches Eiszeitalter
PROTEROZOIKUM			735	35	* Sturtisches Eiszeitalter
PROTEROZOIKUM	2500		2400	300	* Huronisches Eiszeitalter
ARCHAIKUM	4000				
HADAIKUM	4600				

17

WANN GAB ES DIE LETZTE EISZEIT?

>> Die letzte Eiszeit wird als Würm-Kaltzeit (Süddeutschland/Alpenraum) oder Weichsel-Kaltzeit (Norddeutschland/Skandinavien) bezeichnet und ist die letzte Kaltzeit im känozoischen bzw. quartären Eiszeitalter. Sie begann vor etwa 115 000 Jahren und endete vor 11 600 Jahren. Wenn in der Öffentlichkeit von Eiszeit bzw. einer eiszeitlichen Lebenswelt die Rede ist, dann ist meistens diese Kaltzeit gemeint.

In der letzten Eiszeit war es nicht durchgängig kalt. Aufgrund von Klimaschwankungen können vier kalte und drei wärmere Phasen unterschieden werden. Die maximale Eisausdehnung gab es in der letzten Kaltphase vor etwa 20 000 Jahren. Während die Gletscher aus den Alpen nach Norden bis auf eine Linie Genf-Singen-München-Admont vorstießen, reichte das Eisschild aus Skandinavien nach Süden bis zu einer Linie Hamburg-Brandenburg-Warschau.

In der vorletzten Kaltzeit (Riss- oder Saale-Kaltzeit) erfolgte der weiteste Eisvorstoß vor etwa 150 000 Jahren.

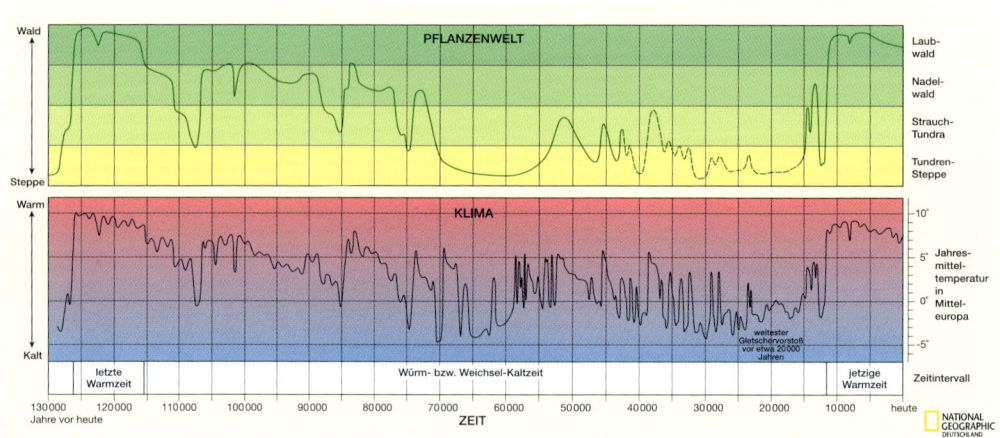

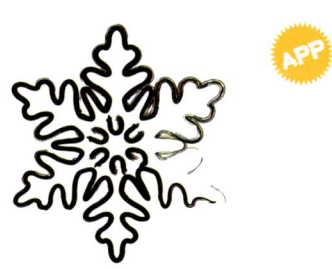

Die Eiszeit in Deutschland

NATIONAL
GEOGRAPHIC
DEUTSCHLAND

Festland
vor
20 000 Jahren

Eisrand vor
20 000
Jahren

Eisbedeckung
vor
20 000 Jahren

500 m Eis

250 m Eis

Kiel

Hamburg

Bremen

Berlin

Hannover

Eisrand vor
20 000 Jahren

Magdeburg

Harz

Eisrand vor
150 000 Jahren

Dortmund
Essen

Kassel

Leipzig

Eisrand vor
150 000 Jahren

Köln

Rothaargebirge

Erfurt

Dresden

Westerwald

Thüringer Wald

Erzgebirge

Eifel

Taunus

Frankfurt am Main

Fichtel-
gebirge

Hunsrück

Mainz

Mannheim

Nürnberg

Fränkische Alb

Regensburg

Bayerischer Wald

Saarbrücken

Stuttgart

Vogesen

Schwäbische Alb

Eisrand vor
150 000 Jahren

München

Freiburg

Schwarzwald

Ammer-
see

Starn-
berger
See

Chiem-
see

Eisrand vor
20 000 Jahren

Boden-
see

A   l   P   e   n

Eisrand vor
20 000 Jahren

2000 m Eis

Eisbedeckung vor 20 000 Jahren

19

EISZEITEN

WAS SIND DIE ARCHIVE DES JÜNGSTEN EISZEITALTERS?

>> Eiszeitarchive sind Ablagerungen und deren Inhalte, die Erkenntnisse über Klima und Leben während der Kalt- und Warmzeiten der Eiszeitalter liefern. Durch Altersbestimmungen mit verschiedenen physikalischen Datierungsmethoden, z. B. der 14C- oder Radiokarbonmethode, können diese zeitlich erfasst werden.

BÄNDERTONE (WARVEN)

>> Bei diesen tonigen Sedimenten handelt es sich um jahreszeitlich geschichtete Ablagerungen in Seen. Im Frühjahr und Sommer setzen sich helle, gröbere und sandreiche Lagen ab, während im Winter dunkle, feinere und humose Lagen entstehen. Eine Hell-Dunkel-Abfolge steht für ein Jahr. Durch mikroskopische oder chemische Analysen der einzelnen Lagen können wichtige Umweltinformationen über die entsprechende Zeit gewonnen werden. Im Lago Grande di Monicchio am Monte Vulture in Süditalien, einem See in einem alten Vulkankrater (Maarsee), sind Warven für den Zeitraum der letzten 76 000 Jahre erhalten.

SKELETTRESTE

>> Angepasst an die jeweiligen Lebensverhältnisse in den verschiedenen Klimaphasen gab es eine charakteristische Tierwelt. In den Kaltzeiten lebte z. B. das Mammut, in den Warmzeiten der Waldelefant. Finden sich in Ablagerungen kälteliebende Tierarten wie Mammut, Wollhaarnashorn oder Moschusochse, so zeigen diese eine kaltzeitliche Entstehung der Ablagerungen an.

Da Kleinsäuger wie Mäuse durch Artenwechsel schneller auf Klimaschwankungen reagieren als Großsäuger, lassen sich mit ihren Skelettresten Ablagerungen hinsichtlich Klimaschwankungen feiner untergliedern.

TROPFSTEINE

>> Das Wachstum von Tropfsteinen ist an das Vorhandensein von Niederschlags- und Sickerwasser gebunden. Auf dem Weg durch den Boden nimmt Sickerwasser zusätzlich Kohlendioxid auf, so dass sich vermehrt Kohlensäure bildet, die Kalkstein löst. Im Höhleninnern geht das Kohlendioxid als Gas in die Luft und der Kalk fällt aus: ein Tropfstein bildet sich. Tropfsteine wachsen langsam und regelmäßig über längere Zeitphasen. Ein Wachstum ist aber nur in Zeiten möglich, in denen der Boden nicht dauerhaft gefroren ist und Niederschlag durch den Boden sickern kann. Über chemische Analysen der Zusammensetzung der Tropfsteine, z. B. dem Sauerstoffisotopenverhältnis ($^{16}O/^{18}O$) sind Aussagen über Temperatur und Niederschlag in der Region über der Höhle während der Bildungszeit des Tropfsteins möglich. Die Bestimmung der Bildungszeit von Tropfsteinlagen ist über die Datierung mit der Uran-Thorium-Methode möglich.

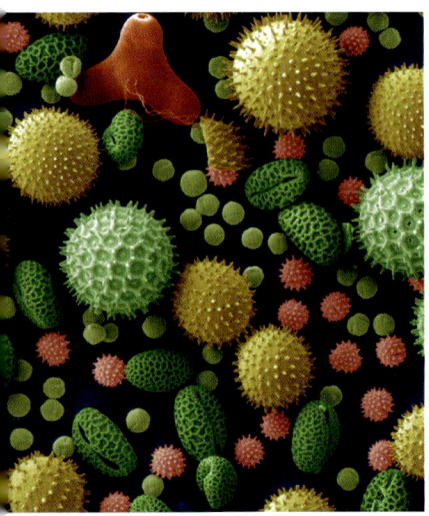

POLLEN

>> Blütenstaub kommt in der Natur in großen Mengen vor, ist weit verbreitet und sehr stabil. Er kann in Ablagerungen über viele Jahrtausende erhalten bleiben. Mit mikroskopischen Untersuchungen können Pollen gezählt und auf Gattung oder Art bestimmt werden. Daraus ergibt sich für jede Schicht ein Vegetationsbild. Aus der Kenntnis der Umweltanforderungen der Pflanzen lässt sich ableiten, welche Klimabedingungen zur Bildungszeit herrschten. Silberwurz und Zwergbirke z. B. sind Kälteanzeiger, Buche und Hasel brauchen ein gemäßigtes Klima. Sind die untersuchten Schichten datiert, ist eine Zuordnung zu einer bestimmten Klimaphase möglich.

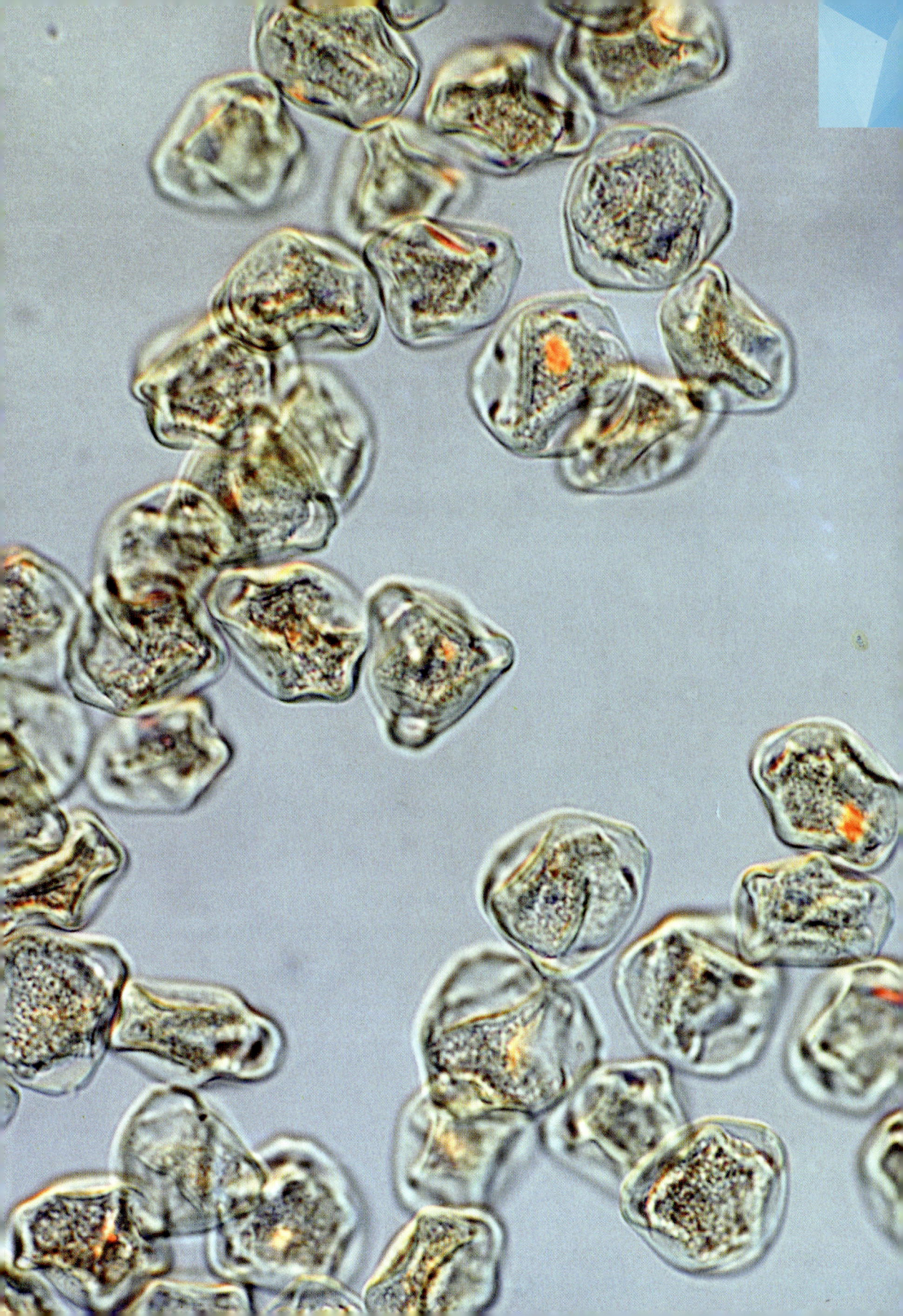

EISBOHRKERNE

>> Dabei handelt es sich um Bohrkerne aus den Landeis-schilden der Erde, vor allem aus Grönland und der Antarktis. Die Eisschilde können über 3000 Meter dick und z. T. mehrere hunderttausend Jahre alt sein. Mit zunehmender Tiefe werden die Schichten dünner und älter. An den Bohrkernen werden für jede Schicht die chemische Zusammensetzung und der Staubinhalt des Eises sowie die darin befindlichen Lufteinschlüsse und deren Bestandteile untersucht. Über die Ergebnisse lässt sich u. a. die Temperatur der Luft und der Niederschläge in der Polarregion zur Entstehungszeit der jeweiligen Schicht rekonstruieren, was auch Rückschlüsse auf das globale Klimageschehen erlaubt. Über Datierungen können die Ergebnisse zeitlich eingeordnet werden. Wichtige Eisbohrkerne für die Klimarekonstruktion des jetzigen Eiszeitalters sind der Kern „N-GRIP" aus Grönland und der Kern „EPICA" aus der Antarktis. „N-GRIP" hat eine Länge von 3085 Metern und umfasst die Zeit von heute bis vor 125 000 Jahren. Der „EPICA"-Kern reicht 800 000 Jahre zurück und ist 3270 Meter lang.

SERVICETEIL

REISEZIEL

Die Reise führt Sie in das Europa der jüngeren Altsteinzeit, auch Jungpaläolithikum genannt. Aufgrund der lückenhaften Überlieferung ist die besuchte Zeitspanne recht breit gewählt und bewegt sich zwischen 30 000 und 15 000 Jahre vor der heutigen Zeit. So ist gewährleistet, dass Sie ein möglichst umfassendes Bild der damaligen Lebensverhältnisse erhalten.

3,3 Millionen Jahre	3 Millionen Jahre	2 Millionen Jahre	1 Million Jahre	300 000 Jahre	Heute
▼	▼	▼	▼	▼	▼

Erste Werkzeuge

ALTPALÄOLITHIKUM

MITTELPALÄOLITHIKUM

Besuchter Zeitraum von 30 000 bis 15 000 Jahre vor heute im Jungpaläolithikum

KLIMATISCHE BEDINGUNGEN

Die besuchte Zeitspanne fällt in die zweite Hälfte der letzten Eiszeit. Da die Winter sehr streng und lang sein können, wird geraten, im Sommer zu reisen. Es fällt insgesamt wenig Regen, Sie haben gute Chancen, schönes Wetter zu erleben.

LANDSCHAFT

Durch die Kälte und die Trockenheit wachsen nur wenige Bäume. Sie werden vor allem eine mit Steppe bedeckte, sehr weite und offene Landschaft erleben können.

WÄHRUNG

Sie brauchen kein Geld mitzunehmen, da dieses noch nicht bekannt ist. Nach heutigen Erkenntnissen gab es aber vermutlich eine Tauschwirtschaft. Die Tauschnetze funktionierten vielleicht sogar über mehrere hundert Kilometer, da man regelmäßig Rohmaterialien über sehr große Entfernungen transportiert hat.

Woher weiß man überhaupt, wie lange das her ist?

>> In allen Lebewesen befindet sich radioaktiver Kohlenstoff (^{14}C), der unablässig zerfällt, aber zeitlebens wieder erneuert wird. Nach dem Tod wird kein neuer ^{14}C zugeführt, aber er zerfällt weiter und wird immer weniger. Da sein Zerfall einem ganz bestimmten Rhythmus folgt, kann man durch die Messung der Restmenge in Knochen oder Holzkohle die abgelaufene Zeit seit dem Tod abschätzen. Dies ist die Hauptdatierungsmethode für die besuchte Zeitspanne.

Wie ist das mit Sonnencreme?

>> Wir raten Ihnen, auf jeden Fall Sonnencreme einzupacken. Sie werden einen unglaublich blauen Himmel erleben und eben auch eine erbarmungslose Sonne. Es ist gut möglich, dass die Eiszeitmenschen über eine Art Sonnencreme verfügen. Ocker, vermischt mit einem Bindemittel wie Fett, kann die Haut gut vor Sonneneinstrahlung schützen. Aber ob Ihre Haut die Mischung verträgt oder ob Ihnen die Färbung, die Konsistenz und den Geruch behagen, ist unsicher.

REISEBEGLEITUNG

Es ist ratsam, für eine Reise in die Eiszeit einen Scout zu verpflichten. Die Lebensumstände dort sind so anders als bei uns, dass man schnell in Lebensgefahr geraten kann.

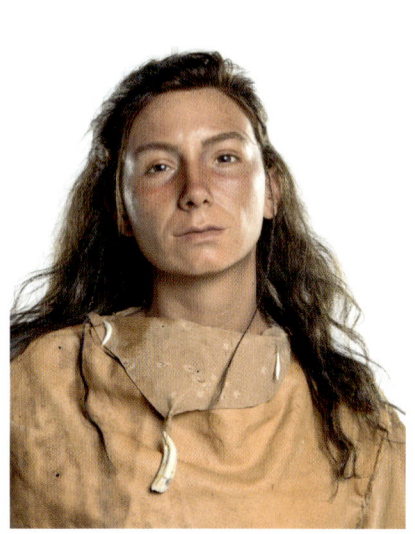 

MENSCHEN

Die Menschen, die zwischen 30 000 und 15 000 Jahren vor heute in Europa leben, sind anatomisch moderne Menschen (Homo sapiens sapiens). Sie haben die gleichen Fähigkeiten wie wir. Sie können also volles Vertrauen in Ihre Scouts haben. **TIPP!**

Die anatomisch modernen Menschen stammen ursprünglich aus Afrika, wo sie sich vor ca. 190 000 Jahren aus dem Homo erectus / Homo heidelbergensis entwickelt haben. Sie sind vor 40 000 Jahren in Europa angekommen und werden sich möglicherweise 10 000 Jahre lang den Kontinent mit dem Neandertaler teilen. Wir wissen, dass sie sich auch vermischt haben und dass wir bis heute noch einzelne Gene von Neandertalern in uns tragen.

APP

Homo erectus
1,6 Mio.   65 000

Denisova-Mensch
400 000   40 000

Neandertaler
300 000   30 000

Homo antecessor
1,2 Mio.   800 000

Homo heidelbergensis
600 000   200 000

Homo ergaster
1,7 Mio.   700 000

Homo sapiens
200 000   heute

1,4 Mio.   1,2 Mio.   1 Mio.   800 000   600 000   400 000   200 000   heute

SPRACHE

Sie werden einen Dolmetscher benötigen, denn Sie werden in den Genuss kommen, eine vollkommen fremde Sprache wahrzunehmen. Alle heutigen Sprachen können nicht weiter als 10 000 Jahre, also zum Ende der letzten Eiszeit, zurückgeführt werden. Wir haben nicht die leiseste Ahnung davon, wie die Sprache der Eiszeitmenschen geklungen haben könnte. Wir wissen lediglich, dass die anatomisch modernen Menschen, genauso wie die Neandertaler, aufgrund ihres Körperbaus und ihrer Genetik in der Lage waren zu sprechen. Ihre Werkzeuge, Jagdtechniken und Kunstwerke legen nahe, dass sie eine relativ komplexe Sprache besessen haben. Dies bedeutet, dass sie unsere Sprache erlernen und dolmetschen können.

FAQ

Welche Hautfarbe hatten die eiszeitlichen Menschen?

>> Wir wissen es nicht mit Sicherheit, aber auf dem Weg der modernen Menschen aus Afrika nach Europa ist ihre Haut im Laufe der Jahrtausende vermutlich wegen der geringeren Sonneneinstrahlung heller geworden. So kommt es nicht so schnell zu einem Vitamin-D-Mangel, der u. a. zu Rachitis und Knochenerweichung führen kann.

Werde ich Neandertaler sehen?

>> Der Neandertaler ist der einzige echte Europäer – hier hat er sich aus dem Homo heidelbergensis entwickelt. Er verschwindet aus bislang ungeklärten Gründen vor 30 000 Jahren. Sie haben die Neandertaler allem Anschein nach also knapp verpasst.

UNTERKUNFT

Die eiszeitlichen Menschen haben keinen festen Wohnsitz, aber wir garantieren, dass Sie Ihre Unterkunft immer sicher erreichen und Ihre Scouts Sie dort erwarten. Für Ihre Unterbringung stehen Ihnen mehrere Möglichkeiten zur Verfügung.

GRUPPENREISENDE

Dies ist eher die Luxusvariante – obwohl die Einrichtung für unsere Verhältnisse natürlich etwas spartanisch erscheint. Sie werden als Gruppe in einem für längere Zeit aufgebauten Lager untergebracht. Die Zelte bestehen aus gegerbten Tierfellen, die durch eine Unterkonstruktion aus Stangen oder Mammutknochen gehalten werden. Sie sind geräumig, fest installiert und Sie können sämtliche Tätigkeiten Ihrer Gastgeber vor Ort miterleben. Um die großen Feuerstellen unter freiem Himmel werden Werkzeuge hergestellt, Kleidung genäht, Waffen repariert, Essen gekocht und vieles mehr. Allein das Zerlegen der Tiere und das Gerben der Felle finden in einiger Entfernung statt. Von diesem Basislager aus können Sie zusammen mit den Einheimischen verschiedene Nahrungsmittel sammeln gehen oder Fallen stellen.

Es wird geraten, sich nicht alleine vom Zeltlager zu entfernen, da Sie möglicherweise zu wenig Übung im Umgang mit Speer und Speerschleuder haben, um sich vor wilden Tieren zu schützen.

EINZELREISENDE

Für unerschrockene Rucksackreisende besteht die Möglichkeit, sich einer kleinen Expedition anzuschließen. Wir raten dringend davon ab, auf eigene Faust alleine loszuziehen, da Sie sonst keine Hilfe erwarten können und jedes Problem schnell lebensbedrohlich werden kann.

Sie haben die Wahl zwischen Jagdexpedition und Rohmaterialsuche. In beiden Fällen wird tagsüber gelaufen. Nachts schlafen Sie entweder an einem Felsen, der Ihnen etwas Schutz bietet, oder es wird ein kleiner Windschutz installiert. Ein kleines Feuer bietet Schutz vor wilden Tieren und wärmt ein wenig. Sie können Ihr Essen kochen und wenn notwendig Ihre Ausrüstung reparieren. Für diesen Reisetyp ist eine gute Kondition unverzichtbar.

FAQ

Wie sieht ein Bett der Steinzeit aus?
>> Bislang ist kein Bett aus der Steinzeit gefunden worden. Wir gehen davon aus, dass die Schlafplätze sich in den Zelten befinden und dass man in Felle eingerollt schläft. Es ist möglich, dass es Polster aus Farnen, Moos oder Gräsern als Matratzen gibt.

Wie oft ziehen die Eiszeitmenschen um?
>> Das ist ganz unterschiedlich. Manche Lager stehen nur wenige Nächte, in anderen bleibt man etwas länger und wiederum andere werden über Monate hinweg genutzt.

Wie sieht es mit sanitären Einrichtungen aus?
>> Wie Sie bereits vermutet haben, gibt es fließendes Wasser nur in den Flüssen. Damit die Umgebung jedoch nicht völlig mit Kot verdreckt wird, gibt es bei länger bestehenden Lagern sicherlich abseits eine Stelle, an der man sich erleichtern kann. Ansonsten zieht man sich einfach kurz zurück. Wie oft und womit man sich wäscht, ist unbekannt.

EINKAUFEN

Da es weder Supermärkte noch Geld gibt, muss das Essen, sowie alles andere, direkt aus der Natur geholt werden. Keine Sorge, Ihre Scouts werden Sie schon nicht verhungern lassen! Hier ein kleiner Überblick für diejenigen, die selbst Hand anlegen möchten.

JAGEN

Die Jagd bedarf sehr viel Mut, Ausdauer, Geschick und Glück. Gute Kenntnisse der Tiere sind erforderlich, um ihnen erfolgreich nachstellen zu können, ohne

sie frühzeitig in die Flucht zu treiben. Die übliche Waffe ist ein hölzerner Speer mit austauschbarer Feuerstein- oder Knochenspitze. Vor etwa 17 000 Jahre vor heute wurde die Speerschleuder erfunden. Es handelt sich dabei um eine Art Hebel mit Haken, der es ermöglicht, den Speer weiter und mit viel mehr Kraft zu werfen. Jede Gruppe hat ihre eigene Speerspitzenform, die Sie vor Ort herstellen können.
Zur Jagd gehört auch sicherlich das Fallenstellen, bislang sind aber keine Fallen aus der Zeit gefunden worden.

Wir bitten zu beachten, dass es keine Erfolgsgarantie gibt und dass die gesundheitlichen Risiken bei der aktiven Jagd sehr hoch sind. ACHTUNG!

APP

40

FISCHEN

Fische werden häufig von den Eiszeitmenschen gegessen, denn die Flüsse sind eine reiche Nahrungsquelle. Man fischt seit 19 000 Jahren vor unserer Zeit mit Harpunen und Angelhaken. Vorher wurden Fische möglicherweise mit dem Speer gefangen. Falls es Reusen oder Netze gab, so hat sich davon nichts erhalten.

SAMMELN

Eine sehr unterschätzte Tätigkeit, die von großer Bedeutung für die ganze Gruppe ist. Gesammelt werden neben Kräutern, Wurzeln, Früchten und Pilzen auch Eier, Maden, Schnecken, Insekten und Rinde. Wir möchten darauf hinweisen, dass einige Pflanzen, Pilze und Insekten sehr giftig sind. Halten Sie sich also bitte genau an die Anweisungen und verzehren Sie nichts, was nicht vor Ihren Augen von Ihren Begleitern verspeist wurde. Dies beugt folgenschweren Missverständnissen vor. Das Wissen, das zum Sammeln nötig ist, kann nicht innerhalb von ein paar Tagen erworben werden. Wurzeln werden mit einem einfachen Grabstock ausgegraben. Kräuter werden mit einem (sehr scharfen!) Feuersteinmesser abgeschnitten.

APP

EINKAUFEN

TRANSPORT

Wir wissen nichts über Behälter oder Transportmittel aus der Zeit und sind auf Spekulationen angewiesen. Es ist gut möglich, dass große Beutetiere auf Stangenschleifen transportiert werden. Falls Sie schwere Lasten befördern müssen, können wir Ihnen diese Lösung nur ans Herz legen, denn Sie können damit mehr tragen als auf dem Rücken. Es ist auch anzunehmen, dass Taschen oder Körbe bekannt sind, aber nichts davon hat sich erhalten.

AUFBEWAHRUNG

Ob und wie man Lebensmittel haltbar macht, ist unbekannt. Die Völker Nordamerikas kennen den Pemmikan, eine Mischung aus getrocknetem Fleisch, Beeren und Fett. Vielleicht haben die eiszeitlichen Menschen ähnliche „Riegel". Man denkt auch, dass zumindest manchmal Vorratsgruben im gefrorenen Boden angelegt werden – die ersten Tiefkühltruhen. Aber dadurch, dass die Menschen immer wieder weiterziehen, können sie nicht auf Vorräte aufpassen, die sie irgendwo vergraben haben.

Findet man immer etwas zu essen?

>> Nein. Der Hunger kann manchmal, insbesondere im Winter, eine echte Bedrohung sein. Trotzdem sind die eiszeitlichen Jäger und Sammler besser ernährt als die späteren Bauern. Sie hungern weniger, die Kinder sind gesünder und zeigen weniger Wachstumsstörungen.

Warum sollten diese Menschen mit mir teilen?

>> In einer Welt voller Gefahren sind Reisende möglicherweise auf Gastfreundschaft angewiesen. Wir gehen davon aus, dass sie ein wichtiger Aspekt des Lebens ist. Außerdem leben die Menschen in einer reichen Umwelt: Es ist meist genug für alle da.

LANDESKÜCHE

Sowohl die Zutaten als auch der Geschmack sind für uns teilweise gewöhnungsbedürftig, aber nicht gefährlich. Nur muss man wissen, wann welche Zutat vorhanden ist. Als Orientierungshilfe kann Ihnen der Erntekalender im hinteren Umschlag dienen.

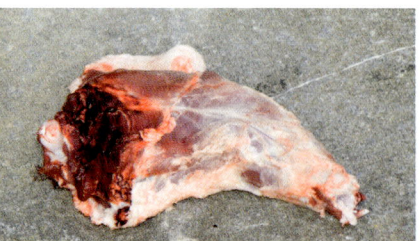

ZUTATEN

Fleisch: Ganzjährig verfügbar, falls man dran kommt. Im Winter ist dies eine äußerst wichtige Nahrungsquelle, wenn der Boden steinhart gefroren oder schneebedeckt ist. Gegessen wird nicht nur das Muskelfleisch, sondern auch die Innereien. Auch das Blut wird getrunken. Es versorgt den Körper mit wichtigen Nährstoffen. Gejagt werden überwiegend große Pflanzenfresser wie Pferde, Rentiere, Bisons, Steinböcke und Auerochsen. Aber auch kleinere Tiere wie Hasen und Vögel werden gefangen.

Fisch: Ganzjährig verfügbar, wenn man im Winter das Eis aufbricht.

Reptilien und Wirbellose: Maden, Würmer und einige wenige Amphibien wie den Grasfrosch gibt es, solange es nicht friert.

Eier: Von der Schneeschmelze bis zum Sommer.

Früchte und Beeren: Sie sind nur für kurze Zeit verfügbar und sehr mühsam zu sammeln, bringen aber eine willkommene Abwechslung in den Speiseplan. Mit Fett gemischt oder getrocknet halten sich die winzigen Süßigkeiten etwas länger.

„Gemüse": Pilze sind aufgrund der Trockenheit recht selten und nur kurzzeitig verfügbar, Fichtenspitzen wachsen im Frühjahr, Kräuter im Sommer und Wurzeln können nur ausgegraben werden, wenn der Boden nicht hartgefroren ist. Ganzjährig verfügbar ist Baumrinde, Bäume sind aber nicht sehr häufig und nicht alle Rinden sind zum Verzehr geeignet. Auch bestimmte Flechtenarten können gegessen werden.

ZUBEREITUNGSARTEN

Grillen: Sicherlich die älteste Art, Nahrung chemisch aktiv zu verändern. Dafür braucht man lediglich ein Feuer und einen Stock, es gibt aber auch in manchen Basislagern fest-installierte Einrichtungen, um Fleisch über dem Feuer zu rösten.

Räuchern: In einer Zeit, in der es kaum Gewürze gab, war das Räucheraroma sicherlich etwas ganz Besonderes! Aber es ist nicht nur lecker: Es hilft auch, die Lebensmittel haltbarer zu machen.

Kochen: Es gibt keine Töpfe, weder aus Ton noch aus Metall. Die einzigen dichten Behälter sind aus Haut. Aber wenn man Wasser über einem Feuer zum Kochen bringen möchte, fängt die Haut früher oder später an zu schmoren. Die Lösung? Man erhitzt Quarzgerölle am Feuer und legt sie anschließend ins Wasser. Dies wird solange wiederholt, bis das Wasser, eventuell mit Fett, Fleisch, Kräutern und Wurzeln versetzt, kocht. Vorsicht! Die Gerölle können platzen und das Wasser spritzen.

Backen: Denkbar wäre das Garen in einem Erdloch. Dabei wird das Essen in Blättern oder Erde eingepackt, zwischen erhitzten Steinen platziert und mit Erde zugedeckt, bis es gar ist.

LANDESKÜCHE

Abhängen: Die Innereien werden von den Jägern roh, vor Ort, direkt nach der Tötung gegessen, als schnelle Energiequelle. Je nachdem, wie lange der Transport dauert und wieviel Stress das Tier vor seinem Tod ausgesetzt war, setzt die Totenstarre vor der Rückkehr ins Lager ein. Das Fleisch soll dann erst zubereitet und gegessen werden, wenn die Starre wieder verschwunden ist. Das kann ein paar Stunden bis einige Tage dauern.

Haut Goût: Es ist bekannt, dass manche Völker Fleisch oder Fisch längere Zeit „reifen" lassen. Damit bekommt das Fleisch einen starken Geschmack und ein heftiges Aroma. Dies kann aber nur stattfinden, wenn die Menschen lange genug an einem Ort verbleiben, um der Zersetzung Zeit zu geben und wenn sie genug zu essen haben, um warten zu können. Überlegen Sie sich allerdings gut, ob Sie sich das antun möchten.

Braten: Man kann auf den heißen Steinen am Feuerrand das Fleisch sehr gut garen. Wenden nicht vergessen!

WÜRZE

Das ist das Gewöhnungsbedürftigste an der Steinzeitkost: Zucker ist, abgesehen von etwas wildem Honig, weitestgehend unbekannt, Salz sicherlich extrem selten, Soßen vermutlich noch nicht erfunden. Außer Kräutern und der Asche bestimmter Hölzer oder Kräuter, die unser Steinsalz eventuell ersetzen könnte, verleihen nur die Hauptzutaten dem Gericht seinen Geschmack. Einem überreizten Gaumen wird am Anfang alles fade schmecken (abgesehen vom Haut Goût). Doch Geschmacksnerven können trainiert werden!

FAQ

Was mache ich, wenn ich Vegetarier bin?
>> Es ist gut möglich, dass Sie auf Unverständnis, mitunter auf Ablehnung, stoßen, aber verhungern müssen Sie im Sommer nicht. Wurzeln, Eier und Kräuter sind in Fülle vorhanden. Vielleicht trauen Sie sich, Rindenmehl und Flechtengemüse zu probieren? Es ist möglich, dass einzelne Menschen in der Eiszeit zumindest zeitweise vegetarisch leben.

Was trinkt man denn?
>> Gute Frage! Wasser ist sicherlich das wichtigste Getränk. Wir dürfen auch durchaus annehmen, dass es so etwas wie Kräutertee gibt. Ob vergorene Getränke hergestellt werden, ist unbekannt.

KLEIDUNG

Ein wichtiger Teil der Ausrüstung ist natürlich die Kleidung. Sie schützt nicht nur gegen Kälte und Regen, sondern auch gegen die Millionen Stechmücken, die im Sommer über der Tundra schwirren.

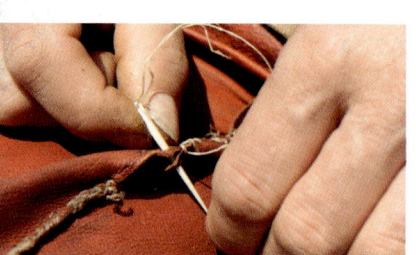

OUT

Es ist wichtig, nicht über Gebühr aufzufallen. Zu meiden sind sämtliche unbekannte Materialien wie Wolle, Leinen, Baumwolle und alle synthetischen Fasern. Chemische Farben sowie Reißverschlüsse, Klettverschlüsse und Schnallen sind ebenfalls zu verbannen.

IN

Wir raten dazu, eine einfache Hose und ein geschlossenes Hemd, das über den Kopf gezogen wird, zu tragen. Beide sollten aus Leder sein. Als Schuhe sind vermutlich Mokassins zu empfehlen, obwohl noch keine Schuhe aus dieser Zeit gefunden worden sind.

Wenn Sie besonders authentisch sein möchten, sollte das Leder nach Möglichkeit pflanzen- oder besser fettgegerbt sein. Als Farben eignen sich, neben den verschiedenen natürlichen Färbungen der Häute, verschiedene Rot- und Gelbtöne aus Ocker.

Für den Fall, dass es wider Erwarten regnen sollte, raten wir dazu, einen Kapuzenanorak aus Leder mit Tierfett einzureiben, damit er wasserdicht wird. Alternativ können Sie auch einen Fellumhang, allerdings ebenfalls sorgfältig zusammengenäht, tragen.

GEWUSST WIE

Um ein möglichst authentisches Aussehen der Kleidung zu gewährleisten, raten wir Ihnen dazu, Ihre Kleidung mit Hilfe von knöchernen Nähnadeln und aufgearbeiteten Tiersehnen zu nähen. Bei dickerem Leder oder Fell können die Löcher vorher schon mit einer Ahle oder einem kleinen Feuersteinbohrer gestochen werden.

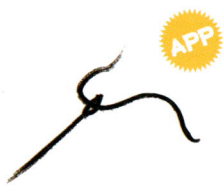

GEHEIMTIPP

Wem die verschiedenen Farben immer noch nicht prächtig genug sind, der kann auch seine Kleidung besticken. Wir kennen verschiedene Formen von Knochenperlen, Plättchen und durchbohrten Tierzähnen aus der jüngeren Altsteinzeit. Allerdings sollte man nicht allzu arg übertreiben und es vermeiden, Ornamente aus verschiedenen Epochen untereinander zu vermischen.

FAQ

Soll ich Badesachen einpacken?

>> Badesachen können Sie getrost zu Hause lassen. So prüde war man damals sicherlich nicht.

Was ist mit Unterwäsche?

>> Zugegeben, wir wissen darüber nichts. Die älteste uns bekannte Unterhose stammt von Ötzi, der allerdings nur 5000 Jahre alt ist. Da sie aber aus Leder ist und aus einem einfachen, durch einen Gurt gehaltenen Lederlappen besteht, kann es so etwas schon in der Eiszeit geben.

STEINTECHNIK

Möchten Sie mal Werkzeuge selber herstellen? Dann sind Sie hier richtig.
Ein paar Steine, sorgfältig ausgesucht, das richtige Augenmaß und Geschick reichen,
um zurechtzukommen.

DAS MATERIAL

Am Anfang steht das richtige Steinmaterial. Grundsätzlich kann man in der Not aus fast jedem Stein ein Gerät machen. Aber es gibt Materialien, die besser geeignet sind als andere. Dies sind Steine ohne große vorgegebene Spaltflächen, die schöne glatte Bruchflächen und scharfe, stabile Kanten bilden, so wie Glas. Natürlich ist der Feuerstein die erste Wahl, aber man findet ihn nicht überall. Alternativ können Werkzeuge aus Hornstein, Kieselschiefer, vulkanischem Glas, Quarzit, ja sogar aus Basalt, Quarz, Bergkristall oder versteinertem Holz hergestellt werden. Fragen Sie Ihre Scouts, wo es Rohmaterial gibt, damit Sie sich selber versorgen können. Nach und nach werden Sie lernen, die Qualität eines Stückes zu beurteilen.

Sie brauchen natürlich auch einen Schlagstein, am besten ein Geröll. Er soll gut in der Hand liegen. Je nach Art der zu schlagenden Geräte ist es ratsam, verschieden schwere und harte Schlagsteine einzusetzen. Darüber hinaus können auch Geweihstücke zum Einsatz kommen, aber das können Ihre Scouts Ihnen vorführen, wenn Sie die Grundlagen des Steinschlagens beherrschen.

STEINTECHNIK

LOS GEHT'S!

Am besten sucht man auf dem Stein eine Stelle, an der zwei Flächen mit einem Winkel von etwa 60 Grad zusammentreffen. Der Winkel soll auf jeden Fall kleiner sein als 90 Grad, wenn man brauchbare Ergebnisse erzielen möchte. Dann schlägt man auf eine dieser Flächen, etwa drei bis fünf Millimeter vom Rand entfernt. Der Schlag sollte kurz, schnell und hart sein. Wenn es nicht gleich klappt, nicht verzweifeln. Immer wieder probieren, bis es funktioniert. Wenn die Kante ganz stumpf vor lauter Aussplitterungen geworden ist, können Sie entweder den Stein spalten oder einen neuen nehmen. Es gibt ausgeklügelte Techniken, um genau die Form zu erhalten, die man haben möchte: langgestreckt und schmal, breit und rund, dreieckig, viereckig oder vielkantig. Dies alles wird über die Oberflächenform gesteuert und ist schon seit den Neandertalern bekannt. Aber für den Anfang reicht es, wenn irgendein Abschlag produziert wird. Denn er hat scharfe Kanten und kann weiterbearbeitet werden. Das ist das Wichtigste.

ACHTUNG! Bei der Steinbearbeitung springen sehr kleine Absplisse über recht große Entfernungen weg. Achten Sie immer gut darauf, dass Sie nicht zu nahe an den Steinschläger herantreten, um keine Splitter ins Auge zu kriegen. Dabei sind vor allem die Zuschauer und nicht so sehr der Steinschläger selbst gefährdet. Sicherheitsbrillen gibt es leider nicht.

WAS MÖCHTEN SIE MIT IHREM WERKZEUG TUN?

Schneiden: Dafür müssen Sie Ihren Abschlag nicht weiterbearbeiten. Die Kanten sind scharf genug, um Fleisch und Leder zu schneiden. Vielleicht haben Sie es schon an Ihren Fingern bemerkt …

Schaben: Wenn Sie eine Tierhaut reinigen möchten, sollten Sie die Kanten des Abschlags abstumpfen, um keine Löcher in die Haut zu schneiden. Am besten nehmen Sie einen kleinen Schlagstein, um mit kurzen, leichten Schlägen kleine Absplisse von den Schneiden zu lösen. Die Schwierigkeit besteht darin, eine regelmäßige Kante zu erzeugen, um später die Haut nicht zu beschädigen. Ihre Gastgeber verwenden sogenannte Kratzer mit einer steilen, schmalen Arbeitskante, die mittels langgestreckten, schmalen Absplissen geschaffen wurde. Mit Übung könnten Sie das auch schaffen.

Bohren / Stechen: Hier geht es im Gegenteil zum Schaber darum, eine Spitze zu produzieren. Wenn Ihr Abschlag schon eine geeignete Spitze hat, sollten Sie sie stabiler machen, indem Sie die Kanten etwas abstumpfen. Ansonsten können Sie durch zwei benachbarte Kerben eine Spitze schaffen. Um die Kerben zu erzielen, benutzen Sie am besten einen leichten Schlagstein oder eine Geweihsprosse.

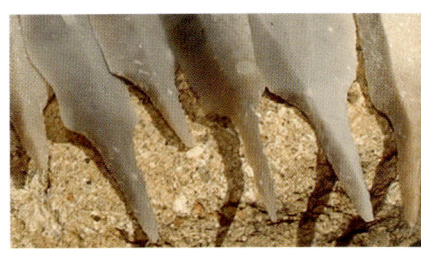

Sägen: Man kann eine Sägekante schaffen, indem man viele kleine Kerben nebeneinandersetzt. Diese Kante ist aber nicht sehr stabil. Für gröbere Arbeiten werden keine dünnen Abschläge, sondern massive Hackwerkzeuge verwendet. Die Oberflächenbearbeitung erfolgt mit einem Kratzer, oder eben einem Schaber. Holz gibt es aber nicht viel.

STEINTECHNIK

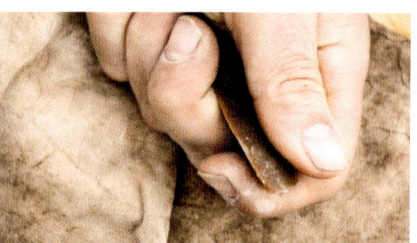

Schnitzen: Sie brauchen einen Stichel und einen solchen zu erzeugen ist ganz schön anspruchsvoll. Dafür müssen Sie das Ende des Abschlages kappen und von dieser Fläche ausgehend eine Schneidekante entfernen. Für eine sehr stabile Spitze sollten Sie den Vorgang auf der anderen Seite wiederholen. Damit können Sie tiefe Rillen in Geweih und Knochen schnitzen.

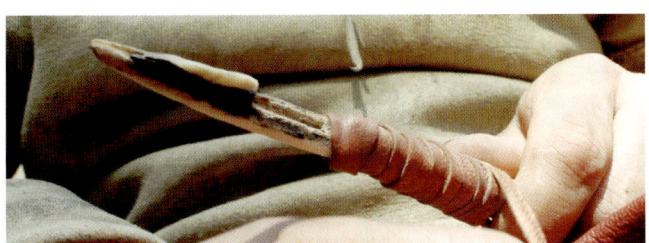

Jagen: Sie brauchen eine Geschossspitze. Dafür müssen Sie erst einen leichten, langschmalen Abschlag, eine sogenannte Klinge, herstellen. Dann müssen Sie ein schmales Ende mit kleinen Schlägen zu einer Spitze bearbeiten. Ihr Scout wird Ihnen zeigen, was bei ihm in Mode ist. Die Spitze wird dann mit Birkenpech oder Tiersehnen am Speer befestigt. Es gibt auch Geweihspitzen, siehe weiter unten.

FAQ

Seit wann gibt es Steinwerkzeuge?

>> Die ältesten bekannten Steinwerkzeuge sind ungefähr 3,3 Millionen Jahre alt. Aber der Mensch hat sicherlich deutlich früher natürlich zerbrochene Steine aufgelesen, um sie zu nutzen. Nur können wir das den Steinen nicht ansehen.

Was passiert, wenn man sich mit einem Abschlag schneidet?

>> Es tut sehr weh, es blutet stark und die Wunde heilt nur langsam. Der Grund: Die Schneidekante ist sehr dünn, aber unregelmäßig wie eine Miniatursäge, die Haut wird nicht glatt durchschnitten wie bei einer Rasierklinge, sondern zerfetzt.

GEWEIH- UND KNOCHENTECHNIK

Geweih ist elastisch, zäh und hart. Es eignet sich hervorragend dazu, Harpunen und Geschossspitzen herzustellen. Doch ganz einfach ist das nicht. Nähnadeln und Ahlen werden eher aus Knochen, seltener aus Elfenbein oder Geweih angefertigt.

DIE TECHNIK

Geweih und Langknochen haben eine harte äußere Schicht und ein leichtes, schwammartiges Inneres. Nur die äußere Schicht wird für Geräte verwendet. Sie muss in Späne zerlegt werden, die weiterbearbeitet werden können. Um Späne abzuheben, brauchen Sie einen Stichel, dessen Herstellung im Abschnitt „Steintechnik" angesprochen wird. Mit dem Stichel ritzen Sie immer tiefer zwei lange Rillen ein, bis Sie den Span herausbrechen können. Wappnen Sie sich mit Geduld: Das kann dauern! Kleiner Tipp: Überlegen Sie vorher genau, wozu Sie den Span brauchen. Für eine Nähnadel muss er bedeutend schmaler sein als für eine Harpune. Danach wird je nach Bedarf weiter geschnitzt, gebohrt und poliert.

WEGE ZUM ZIEL

Harpune: Sie gibt es erst seit ca. 17 000 Jahren vor der heutigen Zeit. Die Widerhaken werden vorsichtig herauspräpariert, und zwar mit Hilfe des Stichels. Welche Mode gerade bei Ihren Gastgebern angesagt ist, ob die Harpune eine oder zwei Reihen Widerhaken haben sollte und wie das untere Ende auszusehen hat, erfragen Sie am besten vor Ort. Dies gilt auch für etwaige Verzierungen oder „Blutrillen".

Geschossspitze: Hier heißt es: polieren! Sehr gut geeignet sind grobkörnige Sandsteine. Ein Ende muss spitz und glatt sein, damit das Geschoss in das Jagdwild gut eindringen kann. Wie breit, dick und lang das Stück sein sollte und wie das Schäftungsende aussehen sollte, ob es verziert wird oder nicht, hängt entschieden von der Gruppe und der Zeit ab, in der Sie sich befinden.

Nähnadel: Als sie vor etwa 30 000 Jahren erfunden wird, hat sie noch kein Öhr. Dieses wird im Magdalénien, vor etwa 15 000 Jahren, eingeführt. Sehr häufig werden Nähnadeln aus Rentierknochen gemacht. Nach Abtrennen des Spans, der maximal zehn Zentimeter Länge misst, wird das Öhr angebracht. Entweder wird von beiden Seiten mit einem winzigen Bohrer gebohrt, oder ebenfalls von beiden Seiten mit einer Klinge eine Kerbe so lange eingeschnitten, bis beide Vertiefungen sich treffen. Diese Arbeit ist sehr aufwändig, deshalb werden an der Spitze abgebrochene Nadeln wieder angespitzt, selbst wenn sie dadurch immer kürzer werden. Wer eine ganz glatte Oberfläche möchte, kann seine Nadel gerne polieren. Aber achten Sie gut darauf, dass sie dabei nicht abbricht.

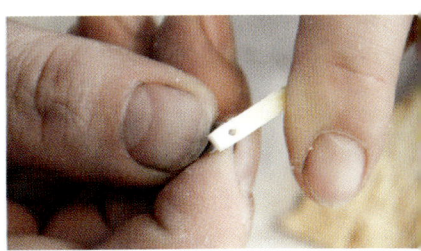

GEWEIH- UND KNOCHENTECHNIK

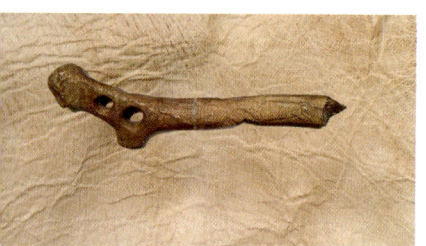

Speerschleuder: Mit ca. 20 000 Jahren ist sie eine relativ junge Erfindung und das, obwohl es Speere seit mindestens 300 000 Jahren gibt! Die Speerschleuder besteht aus einem Haken aus Geweih und vermutlich einem Holzschaft. Der Haken, der mitunter wundervoll verziert sein kann, wird mit Hilfe eines Stichels in Form gebracht. Dabei kann man die natürliche Form des Geweihs nutzen, um sich Arbeit zu sparen. Das Holz wird mit Schaber und Kratzer bearbeitet.

Lochstab: Niemand weiß genau, wozu man sie gebraucht hat: Speerbegradiger? Arretierwerkzeug? Zeltheringe? Sicher ist, dass man viele davon gefunden hat, teilweise sogar recht prächtig verziert. Um einen Lochstab herzustellen, nimmt man eine Geweihstange. Dann entfernt man die Sprossen, indem man eine umlaufende Rille mit dem Stichel eintieft und mit Schlägel und „Meißel" die Sprosse abtrennt. Die Oberfläche kann bearbeitet werden. Die Löcher werden mit massiven Bohrern gebohrt.

Schmuck: Die Techniken für die Schmuckherstellung sind die gleichen wie für die Bearbeitung anderer Knochengegenstände. Zähne werden durchbohrt, Knochen, Geweih und Elfenbein geschnitzt, geritzt und poliert. Muscheln und Schnecken werden meist auf einem rauen Stein durch Schleifen gelocht. Im Laufe der Zeit ändert sich dabei allerdings die Mode.

Seit wann gibt es Knochenwerkzeuge?

>> Die ältesten gesicherten Werkzeuge aus Knochen sind mindestens 800 000 Jahre alt, doch es ist gut möglich, dass der Mensch Knochen schon viel früher benutzte. Das Problem ist, dass man nicht immer erkennen kann, ob die Spuren auf den Knochen von Menschen oder von Tieren stammen.

Warum hat man Knochen und Geweih benutzt?

>> Anders als Feuerstein sind Knochen und Geweih elastisch, das heißt, sie brechen bei starken Belastungen, wie sie bei der Jagd und der Fischerei entstehen, nicht so schnell ab. Sie lassen sich auch besser in verschiedene Formen bringen und feiner bearbeiten.

FEUER

Feuer ist zu der Zeit, die Sie besuchen, eine Selbstverständlichkeit. Allerdings ist es nicht ganz einfach, ohne Streichhölzer oder Feuerzeug ein Feuer herbeizuzaubern. Falls Sie sich daran wagen möchten, wappnen Sie sich mit Geduld! TIPP!

DIE FEUERSTELLE

Wenn man sich ans Feuermachen wagt, sollte man im Vorfeld einiges vorbereitet haben. Die Steppe der Eiszeit ist im Sommer sehr trocken. Dies bedeutet, dass Sie das Feuer gut abgrenzen und es nie unbeaufsichtigt brennen lassen sollten. Die direkte Umgebung der Feuerstelle sollte frei von leicht brennbaren Materialien sein, die Feuerstelle selber von Steinen begrenzt werden. Manche wurden sogar in die Erde eingetieft, vielleicht als Schutz gegen den Wind.

FEUER SCHLAGEN

Der Feuerstein hat seinen Namen daher, dass er in Flinten eingesetzt wurde, um Funken zu schlagen und das Pulver zu zünden. Wenn Sie allerdings zwei Feuersteine gegeneinanderschlagen, wird das nicht funktionieren: Man braucht dazu auch Eisen. In der Eiszeit hat man Pyrit- oder Markasitknollen verwendet, die allerdings nicht überall zu finden sind. Die Funken, die produziert werden, sind heiß und werden mit einem Zunderschwamm o. Ä. aufgefangen. Dieser fängt an zu glimmen. Gleich vorsichtig pusten! Damit wäre der Anfang gemacht.

REIBUNGSHITZE

Überall da, wo es keinen Pyrit oder Markasit gibt, ist man auf trockenes Holz, Geduld und persönlichen Einsatz angewiesen. Das Prinzip ist einfach: Ein hartes Holz reibt schnell gegen ein weiches Holz. Die entstehende Reibungswärme bringt den abgeriebenen Holzstaub zum Glühen. Um die Hitze an einem Punkt zu konzentrieren, ist es ratsam, einen Hartholzstock auf ein Weichholzbrett zu stellen und dieses mit einer Kerbe zu versehen, in der sich der heiße Holzstaub dann sammeln kann. Drehen sie den Stock schnell zwischen den Händen oder mit einem Bogen. Das kann am Anfang Stunden dauern. Ihnen wird vermutlich schneller heiß als

dem Holz. Irgendwann steigt eine feine Rauchsäule auf, die Glut muss aufgefangen und sachte angefacht werden. Falls sie dabei nicht ausgeht, können Sie weiter machen.

WEITER GEHTS

Nun ist Fingerspitzengefühl gefragt. Das Glimmen ist sehr empfindlich und kann sehr schnell ausgehen. Durch behutsames Pusten wird es etwas stärker, dann legt man die Glut in ein Bett aus leicht entzündbarem Material wie Distelsamen oder trockenem Gras. Erneut wird vorsichtig gepustet, der Ballen eventuell in der Luft geschwungen. Aber Vorsicht! Es kann sein, dass es plötzlich lichterloh zwischen den Fingern brennt! Den Rest kennen Sie vermutlich schon vom Lagerfeuer oder vom Grillen. Sie brauchen trockenes Reisig, fettige Knochen, getrockneten Mammutkot o. Ä.

Wenn Sie das Feuer nicht mehr benötigen, löschen Sie es sorgfältig mit Sand, Erde oder Wasser. Es kann sein, dass Ihr Scout einige Glutstücke sorgfältig in Blätter einwickeln und mitnehmen möchte, um sich beim nächsten Mal die Mühe des Feueranzündens zu ersparen. Fragen Sie also besser, bevor alles aus ist.

FAQ

Und wenn's regnet?

>> Zum Glück regnet es in der Eiszeit nur wenig, so dass Sie nur selten das Problem haben werden, dass alles durchnässt ist. Ansonsten, falls keine Holzreserven trocken gelagert oder transportiert wurden, könnte es schwierig werden.

Und wenn es kein Holz gibt?

>> Holz ist in der Eiszeit in der Tat ein seltenes Gut. Doch die Eiszeitmenschen wissen sich zu helfen: Sie verbrennen Knochen, die einen hohen Fettgehalt aufweisen. Vor allem Pferdeknochen brennen wegen ihres hohen Gehalts an Knochenöl sehr gut.

ERSTE HILFE

Ein mitunter recht ernstes Thema. Selbstverständlich gibt es in der Steinzeit keine medizinische Versorgung, so wie wir sie kennen.

ACHTUNG! **Wir weisen darauf hin, dass vor dem Antritt der Reise eine dreiwöchige Quarantäne eingehalten werden muss, damit keine für die eiszeitlichen Menschen gefährlichen Keime eingeschleust werden können. Es geht um die Zukunft der Menschheit! Moderne Infektionskrankheiten, die durch das Leben vieler Menschen auf engstem Raum und in der Gemeinschaft mit Haustieren entstehen, sind unbekannt, und die Eiszeitmenschen haben gegen sie keinen Schutz entwickelt. Ihre gesamte Ausrüstung muss ebenfalls dekontaminiert werden.**

KRANKHEITEN

Wir wissen nur sehr wenig über Krankheiten im Eiszeitalter, nur Spuren auf oder in den Knochen können uns etwas erzählen. Zuerst die gute Nachricht: In der Eiszeit ist Karies fast unbekannt, weil kaum Zucker konsumiert wird. Genauso wenig leiden die Menschen an Osteoporose. Sie sind gut genährt und weisen kaum Mangelerscheinungen auf. Die schlechte Nachricht: Sämtliche Muskel- und Gelenkentzündungen sowie Wirbelsäulenerkrankungen treten auf. Auch vor Tuberkulose, Parasiten und Krebs sind die Menschen nicht sicher. Insgesamt liegt die Lebenserwartung der Frauen bei 30, der Männer bei 35 Jahren.

VERLETZUNGEN

Dafür, dass die Eiszeitmenschen ein so aktives Leben führen, zeigen die gefundenen Skelette recht wenige Spuren von schweren Verletzungen und nur in Ausnahmefällen Zeichen von Gewalt. Verheilte Brüche zeigen, wie bei dem hier abgebildeten Ellenknochen, dass ein Unfall nicht unbedingt den Tod bedeutet. Allerdings ist unsicher, ob die Brüche ruhiggestellt werden. Über die Versorgung von Schnittverletzungen oder Quetschungen wissen wir nichts. Verletzte werden aber solange gepflegt, bis sie wieder für sich selbst sorgen können.

MEDIKAMENTE

Sie stammen selbstverständlich aus der Natur und wir können die Umwelt nur sehr mühsam rekonstruieren. Insbesondere welche Kräuter es damals gibt, muss durch den Blütenstaub in den Sedimenten herausgelesen werden. Damit haben wir aber nur einen Einblick in mögliche Heilmittel. Was man verwendet und wie, das wissen wir nicht. Falls Sie selbst Heilkräuter sammeln möchten, achten Sie bitte darauf, dass sie sauber und trocken sind. Pflücken Sie nur das, was Sie kennen und von dem Sie wissen, dass es das Richtige ist!

ANWENDUNGSTIPPS!

(Bilder von oben nach unten)

x **Thymian bei Husten**
x **Birkenblätter bei Harnwegsinfektionen**
x **Birkenporling bei Blutungen
   und Verdauungsproblemen**
x **Getrocknete Heidelbeeren bei Durchfall,
   frische bei leichter Verstopfung**
x **Getrockneter Spitzwegerich bei Husten,
   frische Blätter bei Insektenstichen**

ERSTE HILFE

HEILRITUALE

Um wieder gesund zu werden, muss man an die Heilkraft der Behandlung glauben. Wir denken, dass die Eiszeitmenschen die Magie kennen und nutzen. Der Magier, den man sich als Schamanen vorstellen kann, nimmt Kontakt mit Hilfsgeistern auf und kämpft mit bösen Geistern, um den Kranken zu heilen. Falls Sie einer solchen Behandlung beiwohnen dürfen, betrachten Sie dies als große Ehre. Wenn Sie allerdings der Patient sein sollten, müssen Sie darauf vorbereitet sein, dass die Behandlung Ihnen möglicherweise merkwürdig, eklig, unsinnig und abstoßend vorkommen könnte. Nur wenn Sie in der Lage sind, dem Schamanen tief zu vertrauen, sollten Sie sich in Behandlung begeben.

FAQ

Was tue ich bei Durchfall?
>> Falls Sie keine Medikamente parat haben, können Sie folgende pflanzliche Mittel verwenden: Fingerkraut, getrocknet und zerkleinert als Tee, oder Heidelbeerfrüchte, getrocknet, als Tee oder zum Kauen. Achtung: Frische Früchte wirken leicht abführend! Auch Holzkohle ist ein altbewährtes Mittel gegen Durchfallerkrankungen. Alle anderen Hausmittel (Leinsamen, Bananen, geriebener Apfel) sind noch lange nicht erhältlich. Wenn der Durchfall stark ist, begleitet durch andere Beschwerden, oder länger anhält als zwei Tage, müssen Sie zurückkommen und zum Arzt gehen.

Kriege ich da eine Erkältung?
>> Sicher ist, dass Sie keine Erkältung von einer Klimaanlage kriegen werden. Die Sommer der Eiszeit sind nicht besonders eisig. Doch eine Verkühlung kann man sich auch in unserer Warmzeit holen. Wenn es Sie erwischt, wächst überall der wilde Thymian, der Ihnen gute Dienste leisten kann.

AUSGEHEN

Natürlich kann man nicht erwarten, dass in der Eiszeit jeden Abend der Bär tobt. Diskos gibt es so wenig wie Bars und Cafés, vermutlich versammeln sich die Menschen aber um das Feuer, reden, singen oder tanzen. Vielleicht gibt es auch besondere Zeremonien, die den Alltag durchbrechen. Und die kleinen Gruppen treffen sich möglicherweise ein- oder mehrmals im Jahr, um Waren und Informationen zu tauschen und um Partner zu finden. In allen Fällen raten wir Ihnen, erst gut zu beobachten, wie Sie sich verhalten sollten, um Ihre Gastgeber nicht zu kränken.

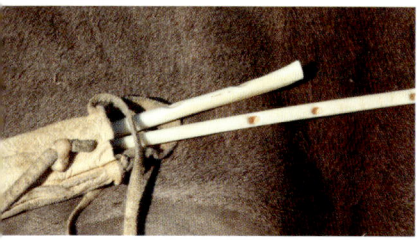

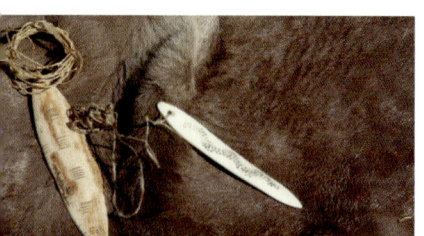

FEIERN

Musik ist in der jüngeren Altsteinzeit bekannt. Man findet Flöten, Pfeifen, Schwirrhölzer, Ratschen und Trommeln. Bestimmte Darstellungen legen auch nahe, dass getanzt wird. Es gibt schließlich viele Anlässe, an denen gefeiert werden kann: eine glückliche Jagd, ein Treffen, das Kommen oder Gehen einer Jahreszeit, Geburten, Ehrungen …

TIPP! **Lassen Sie sich auf jeden Fall von der Lebensfreude anstecken!**

APP

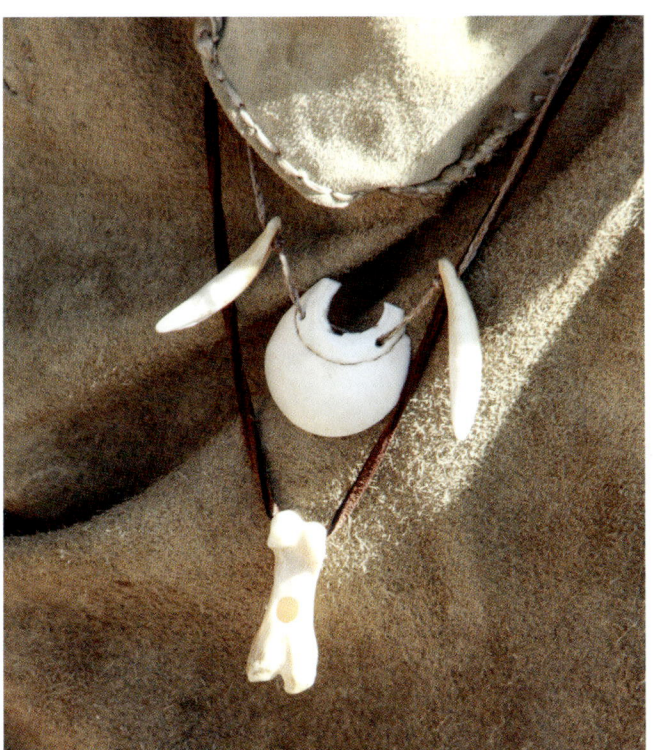

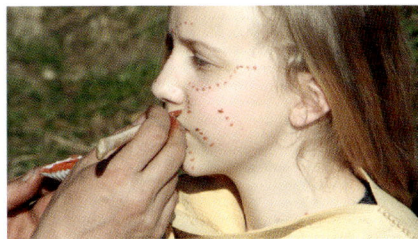

SCHMUCK

Der Mensch schmückt sich gerne und wir kennen unzählige Schmuckstücke aus der Eiszeit. Sie werden teilweise auf die Kleidung aufgenäht, teilweise als Kette getragen, manche verzieren auch Gürtel oder Schuhe. Mal sind es kleine oder große durchbohrte Tierzähne, mal Muscheln, mal Elfenbeinperlen oder Anhänger verschiedener Formen und Größen. Die kleinen Frauenstatuetten, die man Venus nennt, zeigen auch, dass aufwändige Frisuren bekannt sind. Vermutlich schminken sich die Menschen mit Ocker oder Holzkohle. Auch hier gilt: Beobachten Sie gut, wie sich Ihre Gastgeber herausputzen! Da sie allerdings sowieso fremd sind, werden Ihnen etwaige Stilsünden gerne verziehen.

APP

AUSGEHEN

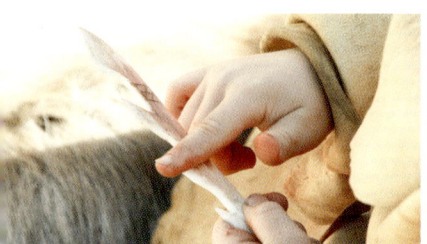

AUSFLUGSZIELE

Ein Kulturführer ist für die Eiszeit weitgehend unnötig. Es gibt keine besonderen Gebäude, Museen, Straßen oder Brücken. Dafür die Unendlichkeit der Natur, vermutlich heilige Plätze und wenn Sie in Südwestfrankreich, Nordspanien oder dem Ural unterwegs sind, auch bemalte Höhlen. Diese sind allerdings erst ab 17 000 Jahre vor der heutigen Zeit relativ zahlreich. Erwarten Sie außerdem nicht, sie ohne weiteres besuchen zu können. Nach allem, was wir vermuten, handelt es sich um heilige, wenn nicht geheime Plätze, deren Zugang möglicherweise streng geregelt ist. Vielleicht ist es einfacher, nach Ihrer Rückkehr in die Gegenwart die Höhlen als Tourist zu besuchen.

MITBRINGSEL

Natürlich kann man eine solche Reise nicht machen, ohne etwas für seine Lieben mitzubringen. Vielleicht können Sie bei den Eiszeitmenschen eine kleine Frauen- oder Tierplastik tauschen, aber selbstgemachte Steinwerkzeuge oder Anhänger sind sicherlich auch etwas ganz Besonderes.

Was ist, wenn ich mich in einen Eiszeitmenschen verliebe?

>> Die zwischenmenschlichen Barrieren sind nicht biologischer Art. Die Menschen der jüngeren Altsteinzeit sind Menschen wie wir, einer Familiengründung steht also nichts im Wege. Inwiefern aber kulturelle Unterschiede ein harmonisches Zusammensein zulassen, ist fraglich. Vor allem im nächsten Winter könnte sich Ihre Attraktivität drastisch verringern, falls Sie immer noch eine ungeschickte Jägerin oder ein schlechter Steinschläger sind: Spätestens dann muss auf jedes Familienmitglied absolut Verlass sein …

SÄUGETIERE

ANATOMISCH MODERNER MENSCH
Homo sapiens sapiens

ANATOMICAL MODERN HUMAN | HOMME MODERNE

FAMILIE: Hominidae
GRÖSSE: 160–180 cm
GEWICHT: 50–80 kg
LEBENSERWARTUNG: 35–45 Jahre
NAHRUNG: Allesfresser
LEBENSWEISE: Familienverbände und kleine Gruppen

Der anatomisch moderne Mensch entwickelte sich vor etwa 200 000 Jahren im Osten Afrikas aus dem Homo heidelbergensis und breitete sich von dort über den Nahen Osten nach Asien, Europa, Australien und Amerika aus. In Europa kam es teilweise zur genetischen Vermischung mit dem Neandertaler.

Durch seine kulturellen Errungenschaften ist er in der Lage, sich klimatischen Schwankungen erfolgreich anzupassen und so verschiedene Lebensräume als Jäger und Sammler zu besiedeln. Er verfügt über Musik und Kunst, pflegt seine Kranken und bestattet seine Toten mit Grabbeigaben.

- GEFÄHRLICHES RAUBTIER -

APP

72

ALPENSTEINBOCK
Capra ibex

ALPINE IBEX | BOUQUETIN DES ALPES

- SCHWER ZU JAGEN -

FAMILIE: Hornträger
GRÖSSE: Kopfrumpflänge 130 – 150 cm
　　　　　 Schulterhöhe　　　 78 – 99 cm
GEWICHT: 23 – 75 kg
LEBENSERWARTUNG: 17 Jahre
NAHRUNG: Pflanzenfresser
LEBENSWEISE: kleinere Gruppen (Weibchen mit Jungtieren,
　　　　　　　 Junggesellenherden), Böcke sind Einzelgänger

Steinböcke sind an das Gebirge angepasste Ziegen. Die Böcke tragen ein bis zu einem Meter langes, säbelförmig rückwärts gekrümmtes Gehörn. Außen sind ringförmige Wülste erkennbar, die Jahresringe darstellen. Das Gehörn kann bis zu fünf Kilogramm schwer werden. Böcke tragen einen charakteristischen Kinnbart. Bei den Geißen ist das Gehörn kurz und glatt. Die Hufe haben sehr scharfe Ränder und ermöglichen selbst auf glatten Felsen einen sicheren Halt. Böcke kämpfen um einen Harem und der Sieger verbringt den Winter in der Herde. Nach einer Tragzeit von fünf bis sechs Monaten werden ein, selten zwei Jungtiere geboren. Sie können ab dem ersten Tag laufen.

Steinböcke ernähren sich von Gräsern und Kräutern und klettern zur Nahrungssuche in den Sommermonaten bis in Höhen von 3600 Meter. Sie suchen zum Schutz oder auf der Suche nach Wasservorkommen aktiv Höhlen auf. In der Kaltzeit bewohnten sie auch felsige Mittelgebirge und das Tiefland.

AUEROCHSE / UR

Bos primigenius

AUROCHS | AUROCHS

FAMILIE: Hornträger
GRÖSSE: Kopfrumpflänge bis 310 cm
Schulterhöhe 150 – 200 cm
GEWICHT: 700 – 1000 kg
LEBENSERWARTUNG: 15 Jahre
NAHRUNG: Pflanzenfresser
LEBENSWEISE: Herden, alte Bullen sind Einzelgänger

Auerochsen gehörten zu den größten Pflanzenfressern der letzten Eiszeit. Nach neueren Genforschungen gelten nahöstliche Populationen des Auerochsen als Stammform des europäischen Hausrindes.

Über das Aussehen der Auerochsen weiß man durch altsteinzeitliche Höhlenmalereien, historische Beschreibungen und zeitgenössische Darstellungen gut Bescheid. Die Hörner gingen zunächst nach den Seiten ab und konnten bis einen Meter lang werden. Die Spitzen verliefen leicht nach oben und etwas nach innen gekrümmt. Die Hörner waren bei Stieren und Kühen gleich ausgebildet. Die Kühe waren jedoch deutlich kleiner. In der Regel waren Stiere schwarz oder schwarzbraun und Kühe fuchsrötlich braun gefärbt. Die alten Stiere lebten einzeln und gesellten sich für die Paarungszeit zu den Herden. Auerochsen waren schnelle und wendige Tiere.
Ihr Lebensraum bestand aus offenen Waldgebieten, Waldsteppen und feuchten Niederungen. Die Wildform des Auerochsen starb im 17. Jahrhundert aus.

– RINDERSTEAK VOM FEINSTEN –

BRAUNBÄR

Ursus arctos

BROWN BEAR | OURS BRUN

FAMILIE: Bären
GRÖSSE: Kopfrumpflänge 154–215 cm
Schulterhöhe   87–126 cm
GEWICHT: 125–780 kg
LEBENSERWARTUNG: 30 Jahre
NAHRUNG: Allesfresser
LEBENSWEISE: Einzelgänger

Braunbären sind die zweitgrößten Landraubtiere Europas. An den Tatzen sitzen bis zu acht Zentimeter lange Krallen und die vorderen Fußsohlen sind weitgehend unbehaart. Die Männchen sind viel größer und schwerer als die Weibchen. Für die Wintermonate ziehen sich die Tiere in ein Winterlager zurück. Dies können Höhlen, Felsvorsprünge oder umgestürzte Bäume sein. Während der Winterruhe nehmen sie weder Nahrung noch Wasser zu sich. In dieser Zeit kommen die Jungen zur Welt. Ein Wurf besteht meist aus zwei bis drei Bären, die zwei Jahre bei der Mutter bleiben. Die Männchen leben als Einzelgänger. Braunbären sind gute Schwimmer und gewandte Kletterer. Nur Jungbären können auf Bäume klettern, die ausgewachsenen Tiere sind zu schwer. Das wichtigste Sinnesorgan ist die Nase, die es den Braunbären ermöglicht, Aas und Feinde aus großen Entfernungen zu wittern.
Als Allesfresser haben sie einen sehr flexiblen Speisezettel, zu dem Beeren, Honig, Früchte, Wurzeln, Aas, Fische, Mäuse, Murmeltiere und viele Pflanzenarten zählen. Braunbären kommen vom Flachland bis ins Gebirge vor.

– SUPER SCHLAFFELL –

DACHS
Meles meles

EUROPEAN BADGER | BLAIREAU EUROPÉEN

FAMILIE: Marder
GRÖSSE: Kopfrumpflänge 64–88 cm
Schulterhöhe 25–30 cm
GEWICHT: 7–14 kg
LEBENSERWARTUNG: 15 Jahre
NAHRUNG: Allesfresser
LEBENSWEISE: Familienverband

Dachse sind neben dem Vielfraß die zweitgrößten europäischen Marder. Die plumpen Körper mit ihrer schwarz-weißen Färbung sind hinten breiter als vorne. Zwischen Weibchen und Männchen gibt es kaum Unterschiede in Größe und Gewicht. Die Vorderpfoten mit den langen Krallen dienen zum Graben der Erdbauten. In den selbstgegrabenen Erdbauten kommen im Frühjahr meist zwei bis drei, selten bis fünf Jungtiere zur Welt. Nur in sehr kalten Wintern halten Dachse eine Winterruhe.

Als Allesfresser ernähren sie sich von Regenwürmern, Insekten, Wirbellosen und kleinen Wirbeltieren, Früchten sowie Knollen und Wurzeln. Für die Nahrungsaufnahme sind sie nachts alleine unterwegs. Dachse fehlen in den Hochgebirgsregionen, sind aber sonst weit verbreitet.

– LECKER UND FETTREICH –

ELCH
Alces alces

MOOSE (AM.), ELK (ENGL.) | ÉLAN

FAMILIE: Hirsche
GRÖSSE: Kopfrumpflänge 200 – 300 cm
Schulterhöhe   150 – 220 cm
GEWICHT: 240 – 600 kg
LEBENSERWARTUNG: 25 Jahre
NAHRUNG: Pflanzenfresser
LEBENSWEISE: Einzelgänger, kleinere Gruppen

Elche sind heute die größten Hirsche. Die Bullen sind deutlich größer als die Kühe. Nur die Bullen tragen ein zur Seite gerichtetes Schaufelgeweih mit einer Spannweite von bis zu zwei Metern. Das bis zu 20 Kilogramm schwere Geweih besteht aus verzweigten Stangen und großen Schaufeln. Die Geweihenden verraten nichts über das Alter der Tiere. Um das Gewicht des Geweihs zu tragen, sind im Brustwirbelbereich Muskeln und Bänder verstärkt ausgebildet. Dadurch ergibt sich der charakteristische, mit längeren Haaren bedeckte Elchbuckel. Lange Beine und die breiten Hufe, die mit einer Schwimmhaut versehen sind, verhindern das Einsinken im morastigen Untergrund und Schnee. Eine Schwimmhaut zwischen den Hufen haben nur Elche.
Sie ernähren sich von Blättern, Trieben, Wasser- und Sumpfpflanzen.

– GUTES FELL UND FLEISCH –

FISCHOTTER
Lutra lutra

EUROPEAN OTTER | LOUTRE D'EUROPE

FAMILIE: Marder
GRÖSSE: Kopfrumpflänge 50 – 80 cm
                 Schulterhöhe   25 – 30 cm
GEWICHT: 5 – 12 kg
LEBENSERWARTUNG: 26 Jahre
NAHRUNG: Fleischfresser
LEBENSWEISE: Einzelgänger, Familienverbände

Fischotter haben einen wendigen Körper mit einem abgeflachten Kopf. Der muskulöse Schwanz, der ein Drittel der Körperlänge beträgt, ist eine Anpassung an den Lebensraum Wasser. Auch unter Wasser können sie sehr gut sehen. Nasen- und Ohrenöffnungen sind wasserdicht verschließbar. Fischotter können bis zu acht Minuten tauchen. Ihr extrem dichtes und wasserabstoßendes Fell schützt sehr gut vor Kälte. Die Zehen sind mit Schwimmhäuten verbunden.

Das Nahrungsspektrum besteht bis zu 70 Prozent aus Fisch. Krebse, Muscheln, Schnecken, Amphibien, Vögel, Säuger und Insekten stehen auch auf dem Speisezettel. Fischotter bewohnen alle vom Süßwasser beeinflussten Lebensräume.

– FELL FÜR REGENKLEIDUNG –

GÄMSE
Rupicapra rupicapra

RUPICAPRA | CHAMOIS

FAMILIE: Hornträger
GRÖSSE: Kopfrumpflänge 110 – 130 cm
Schulterhöhe 70 – 90 cm
GEWICHT: 25 – 50 kg
LEBENSERWARTUNG: 22 Jahre
NAHRUNG: Pflanzenfresser
LEBENSWEISE: Rudel, Böcke sind Einzelgänger

Gämsen sind etwas größer als Rehe und gehören zu den an das Gebirge angepassten Ziegen. Speziell die Hufe mit harten Schalenrändern und elastischen Sohlen erleichtern das Klettern in Fels, Eis und Schnee. Fast senkrechte, bis 27 Zentimeter lange Hörner sind bei beiden Geschlechtern vorhanden. Die Böcke sind nur etwas schwerer und größer als die Geißen. Durch Droh- und Imponiergehabe sowie eine anschließende Hetzjagd erkämpft der Gamsbock ein Rudel. Die Hörner kommen dabei nicht zum Einsatz. Nach sechs Monaten bringt die Geiß im Frühjahr ein Kitz zur Welt. Nach einer Stunde kann es laufen und folgt der Mutter.
Gämsen ernähren sich im Sommer mehr von Kräutern und im Winter mehr von Gräsern. Ihr typischer Lebensraum sind die Hoch- und Mittelgebirge.

- SAUGSTARKES LEDER -

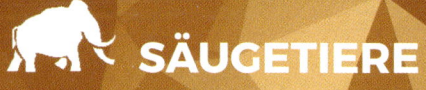

SÄUGETIERE

HÖHLENBÄR
Ursus spelaeus

CAVE BEAR | OURS DES CAVERNES

– LEICHTE WINTERBEUTE –

FAMILIE: Bären
GRÖSSE: Kopfrumpflänge 200 – 300 cm
                    Schulterhöhe   100 – 150 cm
GEWICHT: 600 – 1000 kg
LEBENSERWARTUNG: 35 Jahre
NAHRUNG: Pflanzenfresser
LEBENSWEISE: Einzelgänger

Höhlenbären lebten nicht in Höhlen. Sie suchten die Höhlen lediglich als Unterschlupf, hauptsächlich während der Wintermonate, auf. Vor allem alte und schwache Tiere starben während der Winterruhe in Höhlen. Auf diese Weise sind im Laufe von Jahrtausenden in vielen Höhlen große Knochenlager entstanden. Außer den Knochen belegen verschiedene Lebensspuren ebenfalls die Anwesenheit der Höhlenbären in Höhlen. Bekannt sind z. B. „Bärenschliffe", Kratzspuren, Tatzenabdrücke, Schlafkuhlen und sogar Nierensteine.
Höhlenbären waren nicht die Vorfahren, sondern Zeitgenossen der Braunbären. Ihre Verhaltensweisen ähnelten sich. Die ein bis zwei (selten drei) Jungtiere lebten bis zu zwei Jahre bei der Mutter. Die Männchen waren viel größer und schwerer als die Weibchen.
Höhlenbären ernährten sich hauptsächlich von Beeren und krautigen Pflanzen. Sie besiedelten alle Bereiche vom Flachland bis ins Hochgebirge. Nach neuesten Erkenntnissen gab es mindestens drei Höhlenbärenarten, die alle vor der kältesten Phase der letzten Eiszeit ausstarben.

APP

HÖHLENHYÄNE
Crocuta crocuta spelaea

CAVE HYENA | HYÈNE DES CAVERNES

FAMILIE: Hyänen
GRÖSSE: Kopfrumpflänge 120–180 cm
 Schulterhöhe 80–90 cm
GEWICHT: 60–70 kg
LEBENSERWARTUNG: 25 Jahre
NAHRUNG: Aasfresser
LEBENSWEISE: Rudel (Clans)

Höhlenhyänen waren etwas größer als die afrikanischen Tüpfelhyänen. Das kräftige Gebiss ist typisch für Knochenverwerter und Fleischfresser. Die Muskulatur der Vorderbeine und des Nackenbereiches war stärker ausgebildet als bei anderen Raubtieren. Dies wird als Anpassung an das Heben und Tragen schwerer Beutetiere gedeutet. Höhlenhyänen hatten kürzere Gliedmaßen als die Tüpfelhyänen und waren somit noch nicht so gut an das schnelle Laufen angepasst. Wahrscheinlich hatte das Fell ein ähnliches Fleckenmuster. Sie lebten in Rudeln und waren hauptsächlich Aasfresser. Sie hatten keine feste Fortpflanzungszeit und brachten ihre zwei (selten ein oder drei) Jungen nach einer Tragzeit von drei Monaten zur Welt.

Eine Besonderheit dieser Tierart sind die sogenannten Hyänenhorste. Dabei handelt es sich um Verstecke, z. B. Höhlen, die zur Aufzucht der Jungen sowie als Nahrungsdepots verwendet wurden.

Höhlenhyänen besiedelten die Ebenen und starben vor der kältesten Phase der letzten Eiszeit aus.

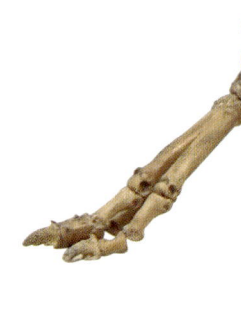

- KLAUT GERNE BEUTE -

HÖHLENLÖWE
Panthera leo spelaea

CAVE LION | LION DES CAVERNES

– IM RUDEL GEFÄHRLICH –

FAMILIE: Katzen
GRÖSSE: Kopfrumpflänge 140 – 230 cm
Schulterhöhe 90 – 150 cm
GEWICHT: 140 – 400 kg
LEBENSERWARTUNG: 20 Jahre
NAHRUNG: Fleischfresser
LEBENSWEISE: Rudel

Der Name Höhlenlöwe stammt nicht daher, dass die Tiere Höhlen bewohnten, sondern dass die ersten beschriebenen Funde aus einer Höhle stammen. Höhlenlöwen suchten die Höhlen nur als gelegentlichen Unterschlupf auf.

Höhlenlöwen waren ungefähr zehn Prozent größer als der afrikanische Löwe. Zahlreiche altsteinzeitliche Höhlenmalereien und Ritzzeichnungen aus Höhlen belegen die typische Schwanzquaste und die kurze Mähne. Die nach vorne ausgerichteten Augen dienten speziell bei der Jagd zur exakten Einschätzung von Entfernungen. Ihre beweglichen Ohren ermöglichten ein ausgeprägtes räumliches Hören. Höhlenlöwen lebten sehr wahrscheinlich im Rudel und machten Jagd auf große bis mittelgroße Huftiere wie Rentiere, Wildpferde, Hirsche, Wildrinder und Saiga-Antilopen. Sie waren auch in alpinen Regionen beheimatet und starben am Ende der letzten Eiszeit aus.

APP

LEOPARD
Panthera pardus

LEOPARD | LÉOPARD

FAMILIE: Katzen
GRÖSSE: Kopfrumpflänge 92 – 190 cm
              Schulterhöhe   70 – 80 cm
GEWICHT: 30 – 90 kg
LEBENSERWARTUNG: 15 Jahre
NAHRUNG: Fleischfresser
LEBENSWEISE: Einzelgänger

Leoparden sind sehr anpassungsfähig und ausgezeichnete Kletterer. Ihr Fell besteht aus dunklen Rosetten auf gelblichem Grundton. Es gibt auch eine schwarze Variante, die als schwarzer Panther bezeichnet wird. Der lange Schwanz ist am Ende schwarz und an der Unterseite weiß gefärbt. Leoparden sind nachtaktiv. Eine Licht reflektierende Schicht in der Netzhaut ermöglicht eine hervorragende Sicht im Dunkeln. Die Weibchen sind deutlich kleiner als die Männchen.
Ihre Nahrung besteht hauptsächlich aus mittelgroßen Huftieren, die am liebsten an geschützten Orten wie zum Beispiel auf Bäumen verzehrt werden. Leoparden kommen im Flachland genauso wie im Hochgebirge vor.

– SELTEN ANZUTREFFEN –

LUCHS / NORDLUCHS

Lynx lynx

LYNX | LYNX

FAMILIE: Katzen
GRÖSSE: Kopfrumpflänge 90 – 100 cm
Schulterhöhe 50 – 75 cm
GEWICHT: 15 – 25 kg
LEBENSERWARTUNG: 15 Jahre
NAHRUNG: Fleischfresser
LEBENSWEISE: Einzelgänger

Luchse sind die größte heute lebende europäische Katzenart. Ihre langen Beine und großen Pfoten erleichtern die Fortbewegung in schneereichen Gebieten. Sie haben einen kurzen Schwanz und besitzen „Pinselohren", die zur Kommunikation untereinander und zur besseren Wahrnehmung von geringsten Geräuschen dienen. Die Beutetiere der Luchse haben maximal die Größe eines Rehs. Sie machen auch Jagd auf Hasen, Raufußvögel, Kleinsäuger und kleinere Raubtiere. Luchse gelten als sehr scheue Tiere.

– NICHT GEFÄHRLICH –

MAMMUT / WOLLHAARMAMMUT

Mammuthus primigenius

WOOLLY MAMMOTH | MAMMOUTH LAINEUX

FAMILIE: Elefanten
GRÖSSE: Körperlänge   5 – 6 m
           Schulterhöhe   2,8 – 3,7 m
GEWICHT: 5 – 8 Tonnen
LEBENSERWARTUNG: 65 Jahre
NAHRUNG: Pflanzenfresser
LEBENSWEISE: Kühe und Kälber in Herden, Bullen
                   als Einzelgänger, Jungbullen in Gruppen

Das Wort „Mammut" (maa – Erde, mutt – Maulwurf) kommt aus dem Estnischen und bedeutet Erdmaulwurf, da die ersten Funde dieser großen Tiere im Dauerfrostboden Sibiriens gemacht wurden. Anhand von Dauerfrostboden-Funden mit Haaren, Haut, Fleisch, Blut und sogar inneren Organen kann das Aussehen genau rekonstruiert werden. Das Mammut war perfekt an die Kältesteppe angepasst. Dazu zählen das lange Haarkleid, die kleinen Ohren und der kurze Schwanz. Am Schwanzansatz befand sich als Kälteschutz ein Hautlappen, der als Afterklappe oder Analklappe bezeichnet wird. Das Wollhaarmammut war nicht größer als ein indischer Elefant. Talgdrüsen zum Einfetten des Fells, um sich vor regnerischen Wetterbedingungen zu schützen, fehlten. Mammute sind auf dem Festland während der letzten Eiszeit ausgestorben. Nur auf Inseln vor der Küste Nordostsibiriens überlebten Zwergmammute bis vor 3500 Jahren.
Elefanten haben nur einen Backenzahn pro Kieferhälfte in Benutzung. Der Zahn wandert von hinten nach vorne und wird dabei allmählich abgenutzt. Von hinten schiebt dann ein weiterer Zahn nach. Man nennt das einen horizontalen Zahnwechsel. Im Alter von ca. 60 Jahren fällt der letzte Backenzahn aus und die Tiere können keine Nahrung mehr aufnehmen.

– ELFENBEIN UND FLEISCHKOLOSS

APP

SÄUGETIERE

MOSCHUSOCHSE
Ovibos moschatus

MUSKOX | BOEUF MUSQUÉ

- HÄLT DEN DICKKOPF HIN -

FAMILIE: Hornträger
GRÖSSE: Kopfrumpflänge 210 – 250 cm
              Schulterhöhe   110 – 150 cm
GEWICHT: 260 – 410 kg
LEBENSERWARTUNG: 19 Jahre
NAHRUNG: Pflanzenfresser
LEBENSWEISE: Herdentiere, Bullen können als Einzelgänger leben

Auch wenn es nicht auf den ersten Blick erkennbar ist: Moschusochsen gehören zu den Ziegen. Der gedrungene, stämmige Körper ist mit einem dichten, dunklen Pelz ausgestattet, der fast bis zu den Hufen reicht. Sie besitzen somit das dichteste und längste Fell unter den Säugetieren. Da sie keine Talgdrüsen haben, ist ihr Fell nicht wasserabweisend. Damit sind sie auch dem Regen schutzlos ausgeliefert und bevorzugen deshalb trocken-kalte Regionen als Lebensraum. Beide Geschlechter tragen spitze, gebogene Hörner. Besonders bei den Bullen ist die Hornbasis an der Stirn stark verdickt und verbreitert. Während der Ritualkämpfe um die Weibchen lassen sie die Köpfe mit voller Wucht gegeneinander prallen. Dies wird so oft wiederholt, bis einer der Kontrahenten aufgibt. Die Bullen sind deutlich größer und schwerer als die Weibchen. Bei Bedrohung bilden die Tiere einer Herde einen Kreis um die Jungtiere und bieten dem Feind die Stirn.
Moschusochsen ernähren sich von Holzgewächsen, Kräutern und Gräsern. Moose und Flechten haben nur einen geringen Anteil. Sie bewohnen die Tundra mit kurzen, kühlen Sommern und langen, kalten Wintern mit geringen Niederschlägen.

APP

POLARFUCHS / EISFUCHS
Vulpes lagopus

ARCTIC FOX | RENARD POLAIRE

– TOLLES WINTERFELL –

FAMILIE: Hunde
GRÖSSE: Kopfrumpflänge 45–65 cm
Schulterhöhe 28–32 cm
GEWICHT: 2,5–6,8 kg
LEBENSERWARTUNG: 10 Jahre
NAHRUNG: Allesfresser
LEBENSWEISE: monogame Paare im losen Familienverband

Polarfüchse ähneln einem kleinen Rotfuchs. Im Sommer tragen sie ein grau-braunes Fell, im Winter ein schneeweißes. Ihre fellbedeckten Fußsohlen brachten ihnen den Artnamen lagopus (Hasenfuß) ein. Sie halten Temperaturen bis minus 70 Grad Celsius aus: Das ist Rekord unter den Säugetieren. Ihr ausgeprägter Geruchssinn ermöglicht es ihnen, die Beute auch unter einer dicken Schneedecke zu wittern und auszugraben. Sie jagen alleine oder in der Gruppe. Polarfüchse ernähren sich vor allem von Wühlmäusen und Lemmingen. Schneehasen, Vögel, Aas, Insekten und Beeren stehen ebenfalls auf ihrem Speisezettel. Ihr angestammter Lebensraum ist die offene Tundra.

APP

REH
Capreolus capreolus

ROE DEER | CHEVREUIL

FAMILIE: Hirsche
GRÖSSE: Kopfrumpflänge 100 – 140 cm
Schulterhöhe   69 – 75 cm
GEWICHT: 15 – 30 kg
LEBENSERWARTUNG: 15 Jahre
NAHRUNG: Pflanzenfresser
LEBENSWEISE: Einzelgänger oder kleine Gruppen während des Winters

Rehe sind näher mit Elch und Rentier verwandt als mit dem Rothirsch. Die Geweihstangen der ausgewachsenen Böcke haben normalerweise je drei Enden. Die Weibchen sind leichter als die Böcke und tragen kein Geweih.

Rehe ernähren sich im Sommer bis zu 45 Prozent von grasartigen Pflanzen. Im Winter beträgt dieser Anteil nur 10 Prozent. Sie sind sehr anpassungsfähig. Hauptlebensraum sind lichte Waldgebiete. Sie kommen in den Ebenen wie auch in Gebirgsregionen vor. In der letzten Eiszeit waren sie nur in wärmeren Klimaphasen anzutreffen.

„ SCHEU ABER SCHMACKHAFT "

114

RENTIER

Rangifer tarandus

REINDEER | RENNE/CARIBOU

FAMILIE: Hirsche
GRÖSSE: Kopfrumpflänge 185–220 cm
　　　　　　Schulterhöhe 　　105–120 cm
GEWICHT: 40–150 kg
LEBENSERWARTUNG: 15 Jahre
NAHRUNG: Pflanzenfresser
LEBENSWEISE: Herdentiere

Das Rentier ist die einzige Hirschart, bei der auch die Weibchen ein Geweih tragen. Die Geweihe sind unsymmetrisch, stangenförmig und weit verzweigt. Die tiefste Sprosse bildet eine kleine Verbreiterung, die sogenannte „Schneeschaufel". Man nahm früher an, dass sie zum Räumen des Schnees diente. Die männlichen Geweihe sind mit 50 bis 130 Zentimeter deutlich ausladender als die 20 bis 50 Zentimeter großen weiblichen Geweihe. Die Männchen werfen ihr Geweih im Herbst und die Weibchen erst im Frühjahr ab. Lange Beine, breite Klauen mit scharfen Schalenrändern und lange Afterklauen sind eine Anpassung an steiniges, schlammiges und schneebedecktes Gelände. Während der großen Wanderungen umfasst die Rentierherde mehrere hunderttausend Tiere. Die im Frühsommer geborenen Jungtiere können eine Stunde nach der Geburt laufen.

Ihre Nahrung besteht aus Gras, Flechten, Moosen und Pilzen. Rentiere durchstreifen im Sommer die Tundra und im Winter die Taiga.

- GUT ZU JAGEN / VIELSEITIG VERWENDBAR -

RIESENHIRSCH

Megaloceros giganteus

MEGALOCEROS/GIANT DEER | MÉGALOCÉROS/CERF GÉANT

FAMILIE: Hirsche
GRÖSSE: Kopfrumpflänge 230 – 320 cm
Schulterhöhe 200 – 210 cm
GEWICHT: 500 – 600 kg
LEBENSERWARTUNG: 25 Jahre
NAHRUNG: Pflanzenfresser
LEBENSWEISE: Herdentier

– WEHRHAFTE ERSCHEINUNG –

Riesenhirsche waren die größten Hirsche der letzten Eiszeit. Nur männliche Hirsche trugen ein Geweih. Dieses konnte nahezu vier Meter Spannweite erreichen und bis zu 40 Kilogramm schwer werden. In äsender Haltung erkannte man gut die zahllosen Spitzen, die als Abwehr gegenüber Raubtieren dienten. Ritualkämpfe unter den männlichen Hirschen wurden wahrscheinlich mit Schieben und nicht durch seitliches Drehen ausgetragen. Durch Malereien und Gravierungen aus den altsteinzeitlichen Höhlen hat man eine zusätzliche Vorstellung von ihrem Aussehen. Bei dem markanten Buckel dürfte es sich um ein Fellbüschel und nicht um einen Fettbuckel handeln. Ob sie wie andere Hirscharten in Rudeln lebten, ist eine Annahme. Genetisch ist der Riesenhirsch mit dem Damhirsch verwandt.
Riesenhirsche durchstreiften offene Landschaften. Ihr Verbreitungsgebiet befand sich im Übergangsbereich zwischen dem des Rentieres und des Rothirsches. Sie verloren mit der Wiederbewaldung nach der letzten Eiszeit ihren Lebensraum und starben aus. In Sibirien lebten sie bis vor ca. 7600 Jahren.

APP

ROTFUCHS
Vulpes vulpes

RED FOX | RENARD ROUX

FAMILIE: Hunde
GRÖSSE: Kopfrumpflänge 62 – 75 cm
         Schulterhöhe 40 cm
GEWICHT: 4 – 9,5 kg
LEBENSERWARTUNG: 12 Jahre
NAHRUNG: Allesfresser
LEBENSWEISE: monogame Paare, während der Jungenaufzucht leben sie
         in Familiengruppen

Rotfüchse mit ihrem rotbraunen Fell und auffälligen buschigen Schwanz sind die häufigste Wildhundeart in Europa. Ihr Schwanz dient der Balance, dem Wärmen und als Signalflagge bei der Kommunikation mit anderen Artgenossen. Die Männchen sind im Durchschnitt 13 bis 14 Prozent schwerer als die Weibchen. Ihre Sinnesorgane sind perfekt an die dämmerungs- und nachtaktive Jagd angepasst. Rotfüchse gehen alleine auf die Jagd. Während der Jungenaufzucht leben Rotfüchse in Bauen. Die Paarungszeit liegt in den Wintermonaten. Rotfüchse ernähren sich von Kleinsäugern wie Mäusen, Hasen, Igeln, sowie von Vögeln, Rehkitzen, Aas, Insekten, Würmern, Beeren und Früchten. Sie kommen vom Flachland bis ins Mittelgebirge vor.

- SCHMUCKE ZÄHNE -

ROTHIRSCH

Cervus elaphus

RED DEER | CERF ÉLAPHE

FAMILIE: Hirsche
GRÖSSE: Kopfrumpflänge 165 – 250 cm
              Schulterhöhe   90 – 124 cm
GEWICHT: 55 – 260 kg
LEBENSERWARTUNG: 20 Jahre
NAHRUNG: Pflanzenfresser
LEBENSWEISE: nach Geschlechtern getrennte Rudel, alte Hirsche sind Einzelgänger

Rothirsche verdanken ihren Namen der Fellfarbe. Nur Männchen tragen ein stangenförmiges, weitverzweigtes Geweih. Mit teils bis zu 20 Enden kann es bis zu elf Kilogramm schwer werden. Aus der Zahl der Enden lasst sich das Lebensalter nicht erschließen, da die Geweihentwicklung von mehreren Faktoren bestimmt wird. Durch Verhaken der Geweihe bei Ritualkämpfen wird der Gegner in die Knie gezwungen. Der Sieger erobert das Rudel.

Rothirsche ernähren sich stärker von Gras als Rehe und brauchen daher mehr Wasser. Hirsche ernähren sich im Sommer mehr von Kräutern (40 – 50 %) und im Winter mehr von Gräsern (30 – 40 %).

- LEICHTERE BEUTE WÄHREND DER BRUNFT -

SAIGA-ANTILOPE

Saiga tatarica

SAIGA ANTELOPE | ANTILOPE SAÏGA

FAMILIE: Hornträger
GRÖSSE: Kopfrumpflänge 100 – 140 cm
  Schulterhöhe 60 – 80 cm
GEWICHT: 20 – 50 kg
LEBENSERWARTUNG: 12 Jahre
NAHRUNG: Pflanzenfresser
LEBENSWEISE: Herdentiere

Saiga-Antilopen haben die Größe eines Schafes und gehören zu den Gazellen. Ihre rüsselartige Nase dient zur Wärmeregulation und ist eine Anpassung an das trockene, kontinentale Klima mit gelegentlichen Sand- und Schneestürmen.

Nur die Böcke tragen 20 bis 50 Zentimeter lange Hörner. Sie weisen helle Rillen und schwarze Spitzen auf und sind leicht nach hinten gebogen. Saiga-Antilopen leben in Herden, die abhängig von der Jahreszeit stark in der Größe variieren. Im Sommer leben ca. 30 bis 40 Tiere zusammen. Im Herbst und Frühjahr entstehen große Wanderherden mit manchmal tausenden Individuen. Im Frühjahr werden pro Weibchen ein oder zwei Jungtiere geboren. Sobald sie gut genug laufen können, schließen sie sich den großen Wanderherden an.

Saiga-Antilopen ernähren sich neben Kräutern und Flechten hauptsächlich von Gräsern und Zwergsträuchern. Man findet sie nur in weiten, ebenen Gebieten.

– JUNGTIERE BESONDERS SCHMACKHAFT –

STEPPENBISON

Bison priscus

STEPPE BISON | BISON DES STEPPES

FAMILIE: Hornträger
GRÖSSE: Kopfrumpflänge 200 – 300 cm
Schulterhöhe 150 – 200 cm
GEWICHT: 700 – 800 kg
LEBENSERWARTUNG: 25 Jahre
NAHRUNG: Pflanzenfresser
LEBENSWEISE: Herdentiere und Einzelgänger

Steppenbisons mit ihren seitlich ausladenden Hörnern wirkten wesentlich größer als die nordamerikanischen Bisons oder die europäischen Wisente. Ihr Aussehen kann anhand von Mumienfunden aus dem Dauerfrostboden Alaskas sowie altsteinzeitlichen Höhlenmalereien sehr gut rekonstruiert werden. Auffallend sind der Buckel am Widerrist, der nach vorne gerichtete Bart und die abfallende Rückenlinie. Funde von Knochen mit Verletzungen an der Stirn belegen Ritualkämpfe unter den Bullen. Durch genetische Studien ist die nähere Verwandtschaft zum amerikanischen Bison als zum europäischen Wisent bewiesen.

Als typische Grasfresser durchstreiften sie die Steppen und starben am Ende der letzten Eiszeit vor etwa 12 000 Jahren aus.

– GEFÄHRLICHER RIESE –

VIELFRASS / JÄRV / BÄRENMARDER
Gulo gulo

WOLVERINE, GLUTTON | GLOUTON

FAMILIE: Marder
GRÖSSE: Kopfrumpflänge 65 – 105 cm
Schulterhöhe 40 – 45 cm
GEWICHT: 10 – 18 kg
LEBENSERWARTUNG: 12 Jahre
NAHRUNG: Fleischfresser
LEBENSWEISE: Einzelgänger

 Der Name leitet sich von dem norwegischen Wort „fjälfräs" ab, das man mit Berg- oder Felsenkatze übersetzen könnte.

Vielfraße sind die größten europäischen Marder. Ihr Fell hält warm und schützt vor Nässe. Es ist einer der strapazierfähigsten Pelze und steht in dieser Beziehung dem des Fischotters nahe. Der deutliche Größenunterschied zwischen den Geschlechtern ist besonders am Gewicht erkennbar, die Weibchen sind 10 bis 11 Kilogramm und die Männchen 15 bis 18 Kilogramm schwer. In sogenannten Schneehöhlen kommen am Ende des Winters zwei bis vier Jungtiere zur Welt. Die Pfotenunterseiten sind besonders im Winter stark behaart.

Eine weitere Anpassung an das Leben im Norden ist der gute Geruchssinn, der es dem Vielfraß ermöglicht, Aas, Schneehasen und Schneehühner unter hohen Schneedecken zu wittern. Vielfraße verwerten ausgiebig die Kadaver der von Wölfen, aber auch von Luchsen oder Bären erlegten Tiere.

 - LAUTLOSER DIEB -

WILDKATZE
Felis silvestris

WILDCAT | CHAT SAUVAGE

FAMILIE: Katzen
GRÖSSE: Kopfrumpflänge 47–78 cm
  Schulterhöhe 31–43 cm
GEWICHT: 2,3–7,7 kg
LEBENSERWARTUNG: 21 Jahre
NAHRUNG: Fleischfresser
LEBENSWEISE: Einzelgänger

Der Unterschied zu den Hauskatzen besteht u. a. in einem dickbuschig-stumpfen Schwanz mit zwei bis drei getrennten schwarzen Ringen und einem schmalen, schwärzlichen Aalstrich. Der Größenunterschied zwischen den Geschlechtern ist nicht auffallend. Unter den Landraubtieren haben Wildkatzen die im Verhältnis zum Schädel größten Augenhöhlen. Das Auge ist perfekt an das Sehen in der Dunkelheit angepasst.
Wildkatzen ernähren sich hauptsächlich von Kleinsäugern sowie kleinen Huftieren, Vögeln und Fischen.

– KEIN SCHMUSETIER –

WILDPFERD

Equus ferus

WILD HORSE | CHEVAL

FAMILIE: Pferde
GRÖSSE: Kopfrumpflänge 220 – 280 cm
           Schulterhöhe   120 – 140 cm
GEWICHT: 240 – 300 kg
LEBENSERWARTUNG: 25 Jahre
NAHRUNG: Pflanzenfresser
LEBENSWEISE: Herdentier

– FÜR GEÜBTE JÄGER –

Wildpferde haben eine kurze Stehmähne, kurze Beine und einen gedrungenen Körper. Das Fell ist braun, schwarz oder tigergescheckt. Anhand von Höhlenmalereien lässt sich das Erscheinungsbild der eiszeitlichen Pferde gut rekonstruieren. Nach einer elf Monate andauernden Tragezeit kommt das Fohlen (selten zwei) zur Welt. Es kann gleich stehen und laufen. Wildpferde sind die Stammform des heutigen Hauspferds, das vor 5500 Jahren domestiziert wurde.

Die hochkronigen Zähne der Pferde bilden mit ihren verschiedenen Baumaterialien (Dentin und Zahnschmelz) Schneidekanten aus und ermöglichen die perfekte Verwertung der nährstoffarmen Nahrung, bestehend überwiegend aus Steppengräsern.

APP

WILDSCHWEIN
Sus scrofa

WILD BOAR | SANGLIER

FAMILIE: Echte Schweine
GRÖSSE: Kopfrumpflänge 131 – 178 cm
Schulterhöhe 60 – 115 cm
GEWICHT: 45 – 153 kg
LEBENSERWARTUNG: 21 Jahre
NAHRUNG: Allesfresser
LEBENSWEISE: reviergebundene Rotten (Familienverbände), Keiler sind Einzelgänger

Wildschweine besitzen einen gedrungenen Körper mit einem dunklen Borstenkleid und einem langgesteckten Kopf. Mit ihrer rüsselartig verlängerten Nase wühlen sie den Boden nach Nahrung auf. Wildschweine sind sehr anpassungsfähig und leben in von der ältesten Bache geführten, reviergebundenen Rotten. Im Winter rotten sie sich zu sogenannten „Sauhaufen" zusammen, um sich gegenseitig zu wärmen. Das Suhlen ist eine der wichtigsten Beschäftigungen der Wildschweine. Schweine können nicht schwitzen. Die Schlammbäder dienen einerseits zur Regulierung der Körpertemperatur und andererseits befreit der Schlamm das Tier von lästigem Ungeziefer. Das Wildschwein ist die Stammform des Hausschweines.
Die Nahrung setzt sich aus ungefähr 10 Prozent tierischen und 90 Prozent pflanzlichen Anteilen zusammen. Im Speiseplan stehen Wurzeln, Engerlinge, Mäuse, Jungvögel, Echsen, Schlangen, Frösche, Schnecken, Regenwürmer, Beeren, Feldfrüchte, Klee, Gras, Brennnesseln, Blätter, Eier und Aas.
Wildschweine leben hauptsächlich in bewaldeten Gebieten und gelten daher als Anzeiger für vergleichsweise warme Klimaphasen.

– AUF DISTANZ BLEIBEN –

WOLF
Canis lupus

WOLF | LOUP GRIS

FAMILIE: Hunde
GRÖSSE: Kopfrumpflänge 104 – 193 cm
            Schulterhöhe   57 – 90 cm
GEWICHT: 26 – 63 kg
LEBENSERWARTUNG: 16 Jahre
NAHRUNG: Fleischfresser
LEBENSWEISE: Rudel

Wölfe sind die größte Wildhundeart. Ihr ausgezeichneter Geruchssinn – die Oberfläche der Nasenschleimhaut ist 30-mal größer als beim Menschen – hilft beim Aufspüren von Beute. Sie können ihre Beute bis zu 2,5 Kilometer weit wittern. Die Größenunterschiede zwischen den Geschlechtern sind sehr deutlich. Weibchen sind kleiner und leichter. Die vier bis sieben Wolfswelpen kommen meist in einem unterirdischen Bau zur Welt. Wölfe sind die Stammform des Haushundes. Neueste genetische Untersuchungen ergaben, dass die Domestizierung des Hundes bereits vor 18 000 bis 32 200 Jahren in Europa und nicht im Nahen Osten erfolgte.

Wölfe, die im Rudel jagen, ernähren sich von mittelgroßen bis großen Säugetieren, Hasen, kleinen Nagetieren, Fischen, Fröschen, großen Insekten, Wildobst und Wildfrüchten. Sie sind sehr anpassungsfähig und kommen von den Ebenen bis ins Gebirge vor.

- FOLGT UNS GERNE -

WOLLHAARNASHORN

Coelodonta antiquitatis

WOOLLY RHINOCEROS | RHINOCÉROS LAINEUX

FAMILIE: Nashörner
GRÖSSE: Kopfrumpflänge 3,2 – 3,6 m
Schulterhöhe 1,5 – 1,7 m
GEWICHT: 1,5 – 2,9 Tonnen
LEBENSERWARTUNG: 35 Jahre
NAHRUNG: Pflanzenfresser
LEBENSWEISE: Kühe und Kälber vermutlich
in kleinen Gruppen,
Bullen sind Einzelgänger

Wollhaarnashörner waren eine spezialisierte und sehr gut angepasste Nashornart. Durch die Mumienfunde aus dem Dauerfrostboden Sibiriens und altsteinzeitliche Höhlenmalereien bzw. Ritzzeichnungen kann man sich ein genaues Bild ihres Aussehens machen. Der Körper war durch eine dichte, bis zu neun Zentimeter lange Behaarung vor der Kälte geschützt. Das Wollhaarnashorn hatte, bis auf die Behaarung, eine große Ähnlichkeit mit dem Weißen Nashorn in Afrika. Der tief gesenkte Kopf war mit zwei Hörnern ausgestattet. Das größere, weiter vorne sitzende Horn hatte eine Länge von etwa 110 Zentimetern. Das hintere, kleinere, konnte eine Länge von 45 Zentimetern erreichen. Die Hörner bestehen aus Hornsubstanz und sind deshalb nur im Dauerfrostboden erhalten. Das vordere Horn ist auf der Vorderseite abgeflacht und wurde als Schneeschieber eingesetzt. Eine Anpassung an das Klima sind die kleinen Ohren und der kurze Schwanz.

Im Gegensatz zum Mammut gelangte das Wollhaarnashorn nicht in den äußersten Nordosten Eurasiens und über die Beringstraße nach Nordamerika. Das Wollhaarnashorn starb am Ende der letzten Eiszeit aus.

APP

– SCHNELLER ALS MAN DENKT –

VÖGEL

BIRKHUHN
Tetrao tetrix

BLACK GROUSE | TÉTRAS LYRE

FAMILIE: Raufußhühner
GRÖSSE: Körperlänge   40 – 55 cm
              Flügelspannweite   65 – 80 cm
GEWICHT: 750 – 1400 g
ANZAHL DER EIER: 6 – 10
NESTLINGSDAUER: Nestflüchter
LEBENSERWARTUNG: 15 Jahre
LEBENSWEISE: Standvogel

Birkhühner sind etwa so groß wie Haushühner. Wie die anderen Raufußhühner auch haben sie stark befiederte Zehen. Die Weibchen tragen ein braunes, schwarz gemustertes Federkleid, das sie, vor allem am Boden, perfekt tarnt. Über den Augen haben die Männchen zwei grellrote Hautpartien, die sogenannten Rosen, die zur Balzzeit stark anschwellen. Im Frühjahr kommen die Hähne in teilweise großen Gruppen zur Gemeinschaftsbalz zusammen. Mit aufgeblasenem Hals und gefächertem Schwanz wetteifern sie geräuschvoll um die Gunst der Weibchen und liefern sich dabei erbitterte Kämpfe. Nestbau und Brutpflege obliegen ausschließlich den Hennen.
Birkhühner ernähren sich hauptsächlich pflanzlich, fressen junge Sprossen, Beeren, Knospen und Samen. Die Küken sind in den ersten Lebenswochen auf tierische Nahrung in Form von Insekten, Spinnen, Schnecken und Würmer angewiesen.
Ihre Lebensräume sind offene Heide-, Wiesen- und Moorlandschaften und Almwiesen an der Baumgrenze.

- GUTER BRATEN -

GÄNSEGEIER

Gyps fulvus

GRIFFON VULTURE | VAUTOUR FAUVE

FAMILIE: Habichtartige
GRÖSSE: Körperlänge 95 – 110 cm
Flügelspannweite 230 – 280 cm
GEWICHT: 7 – 11 kg
ANZAHL DER EIER: 1
NESTLINGSDAUER: 110 – 115 Tage
LEBENSERWARTUNG: 37 Jahre
LEBENSWEISE: Stand- und Zugvogel

– GUTE KNOCHEN FÜR FLÖTEN

Gänsegeier erhielten ihren Namen wegen ihres kurz befiederten, gänseartigen Halses. Zum Körper hin besitzen sie eine Halskrause, die vor Verschmutzung schützt. Gänsegeier fressen ausschließlich Aas. An Tierkadavern stecken sie oft den ganzen Hals in die Bauchhöhle, um an die inneren Organe zu gelangen. Geier verwenden nach dem Fressen viel Zeit auf die Gefiederpflege und baden regelmäßig. Die Vögel leben paarweise in großen Kolonien. Die Geschlechter zeigen keine Unterschiede bezüglich Färbung, Größe oder Gewicht. Die Jungen entwickeln sich sehr langsam und werden monatelang gefüttert.

Zur Nahrungssuche schwärmen die Tiere über viele Kilometer von der Kolonie aus und suchen dabei die Landschaft sorgfältig nach Tierkadavern ab, die sie aus erstaunlich großen Höhen orten können. Geier beobachten aber auch die Bewegungen von Raubtieren, um von deren Beuteresten zu profitieren.

Gänsegeier kommen überwiegend in offenen und trockenen Landschaften vor. Während die ausgewachsenen Vögel meist in der Nähe ihrer Brutplätze bleiben, wandern die Jungvögel ab. Die großen Vögel sind ausgesprochene Segelflieger und bei Nahrungssuche und Zug auf die Thermik angewiesen.

APP

GRAUGANS

Anser anser

GREYLAG GOOSE | OIE CENDRÉE

FAMILIE: Entenvögel
GRÖSSE: Körperlänge 75–90 cm
Flügelspannweite 147–180 cm
GEWICHT: 2,9–4 kg
ANZAHL DER EIER: 4–9
NESTLINGSDAUER: Nestflüchter
LEBENSERWARTUNG: 27 Jahre
LEBENSWEISE: Zugvogel

 Graugänse zählen zu den häufigsten Wasservögeln und sind die zweitgrößte Gänseart in Europa. Die massigen Gänse mit dem eher einheitlich graubraunen Gefieder und dem orange bis rosafarbenen Schnabel sind die Stammform der Hausgans. Die monogamen Paare brüten in einem lockeren Kolonienverbund, bei dem zwischen den einzelnen Nestern ein größerer Abstand besteht. Die Jungvögel werden dann in große Kindergärten zusammengeführt und von einigen Altvögeln abwechselnd beaufsichtigt.
Graugänse ernähren sich von verschiedenen Pflanzen, Gräsern sowie Sämereien.
Graugänse kommen an Seen, langsam fließenden Flüssen und in Sumpf- und Marschland vor.

– SCHMACKHAFTER FRÜHLINGSBOTE –

KRICKENTE

Anas crecca

EURASIAN TEAL | SARCELLE D'HIVER

FAMILIE: Entenvögel
GRÖSSE: Körperlänge 34 – 38 cm
Flügelspannweite 58 – 64 cm
GEWICHT: 300 – 400 g
ANZAHL DER EIER: 7 – 12
NESTLINGSDAUER: Nestflüchter
LEBENSERWARTUNG: 15 Jahre
LEBENSWEISE: Teilzieher

 Krickenten sind die kleinsten Enten Europas. Männchen sind im Prachtkleid am rotbraunen Kopf, der lachsfarbenen Brust mit dunkler Fleckung, den grauen fein gemusterten Flanken und dem fast weißen, schwarz umrandeten Unterschwanz gut zu erkennen. Schwieriger fällt die Bestimmung im Sommer, wenn sie im braunen Schlichtkleid wie die gleich gefärbten Weibchen aussehen. Die Vögel leben im Frühjahr paarweise, wobei die Aufzucht der Jungen allein dem Weibchen überlassen wird. Außerhalb der Brutzeit finden sie sich in großen Schwärmen zusammen.

Krickenten ernähren sich von Wasserpflanzen und verschiedenem Wassergetier (Würmer, Krebse, Larven, Schnecken und Muscheln). Im Herbst und Winter besteht ihre Nahrung hauptsächlich aus kleinen Samen.

Sie haben ein sehr großes Verbreitungsgebiet und bewohnen von Vegetation umschlossene Gewässer wie z. B. Moorseen.

– LEICHT ZU JAGEN –

VÖGEL

MOORSCHNEEHUHN

Lagopus lagopus

WILLOW PTARMIGAN | LAGOPÈDE DES SAULES

FAMILIE: Raufußhühner
GRÖSSE: Körperlänge   35 – 40 cm
               Flügelspannweite   55 – 65 cm
GEWICHT: 500 – 700 g
ANZAHL DER EIER: 8 – 11
NESTLINGSDAUER: Nestflüchter
LEBENSERWARTUNG: 9 Jahre
LEBENSWEISE: Standvogel

Moorschneehühner sind hervorragend an das Leben in schneereichen Regionen angepasst. Während im Winter Männchen und Weibchen ein schneeweißes Gefieder tragen, sind die Vögel im Frühjahr und Sommer an Kopf, Hals und Brust rotbraun und auf der Oberseite braun-schwarz gefleckt. Die Weibchen sind dabei stärker gemustert. Die Zehen sind stark befiedert, um besser über Schnee laufen zu können. Moorschneehühner sind, für Hühnervögel eher untypisch, monogame Vögel. Das Männchen beteiligt sich am Brutgeschehen. Die Küken gehen als Nestflüchter gleich nach dem Schlüpfen von der Mutter geleitet auf Insektenjagd. Nach einigen Tagen wird mehr und mehr pflanzliche Nahrung aufgenommen.

Die Vögel fressen sich im Herbst an Samen, Trieben und Beeren ein Fettdepot an und schmecken dann sehr gut. Im Winter ernähren sich die Vögel zunächst vorwiegend von Knospen. Wenn diese abgeerntet sind, leben sie verstärkt von dickeren Zweigteilen. Die Tiere werden magerer und schmecken zunehmend etwas holzig. Außerhalb der Brutzeit leben Moorschneehühner in Gruppen. Im Winter verbringen die Vögel die Nächte gut geschützt in selbst gegrabenen Schneehöhlen, die bis zu einem Meter unter der Oberfläche liegen.

Ihr Lebensraum in Taiga und Tundra reicht von offenen Wäldern bis hin zu arktischen Zwergstrauchheiden. Das Hochgebirge und allzu karge steinige Regionen werden aber gemieden.

-- EIERLIEFERANT IM FRÜHLING --

NEBELKRÄHE UND RABENKRÄHE / AASKRÄHE

Corvus corone

HOODED CROW, CARRION CROW | CORNEILLE MANTELÉE, CORNEILLE NOIRE

FAMILIE: Rabenvögel
GRÖSSE: Körperlänge   45 – 50 cm
              Flügelspannweite 84 – 102 cm
GEWICHT: 450 – 700 g
ANZAHL DER EIER: 2 – 6
NESTLINGSDAUER: 35 Tage
LEBENSERWARTUNG: 15 Jahre
LEBENSWEISE: Standvogel

Der Rumpf der Nebelkrähe ist grau. Kopf, Brust, Schwanz und Flügel sind schwarz. Rabenkrähen hingegen sind vollständig schwarz. Nebel- und Rabenkrähen vermischen sich in Gebieten, in denen beide Arten vorkommen. Die Jungen dieser Mischehen sehen meist aus wie Nebelkrähen mit geringeren und dunkleren Grauanteilen im Gefieder. Beide Arten bleiben ein Leben lang mit ihrem Partner zusammen. Außerhalb der Brutzeit leben die höchst sozialen Tiere in Schwärmen, aus denen sich die Brutpaare absondern und feste Reviere besetzen. Ihre Nester befinden sich meist in hohen Bäumen, bevorzugt an Waldrändern.

Nebel- und Rabenkrähen haben ein erstaunlich komplexes Stimmrepertoire und besitzen die Fähigkeit, andere Vogelstimmen und Geräusche zu imitieren.

Nebelkrähen sind Allesfresser und ernähren sich von Aas, Früchten, Samen, Insekten, Regenwürmern, Schnecken, Mäusen, Jungvögeln und Eiern. Die sehr intelligenten Vögel sind in der Lage, sich schnell neue Nahrungsquellen zu erschließen und folgen regelmäßig Großraubtieren, um von deren Beuteresten zu fressen.

Als Lebensraum werden offene abwechslungsreiche Landschaften bevorzugt.

– STIMMGEWALTIG –

SCHNEEEULE

Bubo scandiacus

SNOWY OWL | HARFANG DES NEIGES

FAMILIE: Eigentliche Eulen
GRÖSSE: Körperlänge   55–65 cm
              Flügelspannweite 142–166 cm
GEWICHT: 1700–2300 g
ANZAHL DER EIER: 3–9
NESTLINGSDAUER: 25 Tage
LEBENSERWARTUNG: 15 Jahre
LEBENSWEISE: Teilzieher

Die Eulen mit den goldgelben Augen sind fast so groß wie ein Uhu und haben ein weißes Gefieder, wobei Jungtiere und Weibchen dunkle Flecken und Bänder zeigen. Die Männchen haben weniger Zeichnung und können fast reinweiß sein. Die Weibchen sind wie bei den meisten Eulen größer als die Männchen. Die Tiere sind Einzelgänger, die sich nur ausnahmsweise auf dem Zug und bei Nahrungsüberfluss zu lockeren kleinen Gruppen zusammenschließen.

Schneeeulen sind im Gegensatz zu vielen anderen Eulen tagaktiv. Ihre Hauptnahrung sind Lemminge. Sie können auch Schneehasen, Enten, Schneehühner und andere Vögel erbeuten und wurden sogar beim Verzehr von Fischen beobachtet. In schlechten Lemmingjahren sind die Eulen gezwungen, ihr Brutgebiet zu verlassen.

Schneeeulen bewohnen die arktische Tundra von nahe der Baumgrenze bis ans Polarmeer und baumlose Heiden.

– JAGT AUCH TAGSÜBER –

STEINADLER

Aquila chrysaetos

GOLDEN EAGLE | AIGLE ROYAL

FAMILIE: Habichtartige
GRÖSSE: Körperlänge   75–89 cm
              Flügelspannweite 190–230 cm
GEWICHT: 3–7 kg
ANZAHL DER EIER: 2
NESTLINGSDAUER: 74–80 Tage
LEBENSERWARTUNG: 32 Jahre
LEBENSWEISE: Standvogel

Die mächtigen Greifvögel sind dunkelbraun. Sie haben einen gold-gelben Nacken und einen dunkelgrauen Schnabel. Die Weibchen sind größer als die Männchen.

Steinadler ernähren sich von einer Vielzahl von unterschiedlichen Tieren und können auch wehrhafte und große Beute wie Füchse über-wältigen, sie erbeuten aber bevorzugt Säugetiere von etwa Hasen- oder Kaninchengröße. Junge Gämsen, Steinböcke und Rehe stehen ebenfalls auf dem Speisezettel. In manchen Regionen jagen sie sogar Schildkröten, die sie aus großer Höhe auf Felsen fallen lassen, um den Panzer aufzubrechen. Auch Tierkadaver stellen, vor allem im Winter, eine wichtige Nahrungsquelle dar.

Steinadler bewohnen eine Vielzahl von Lebensräumen, vom Hochgebirge bis zu baumlosen Tundren.

– KÖNIG DER LÜFTE –

STOCKENTE

Anas platyrhynchos

MALLARD | CANARD COLVERT

FAMILIE: Entenvögel
GRÖSSE: Körperlänge   51 – 62 cm
                 Flügelspannweite 81 – 98 cm
GEWICHT: 1200 – 1500 g
ANZAHL DER EIER: 6 – 17
NESTLINGSDAUER: Nestflüchter
LEBENSERWARTUNG: 20 Jahre
LEBENSWEISE: Standvogel

Stockenten sind die am weitesten verbreiteten Gründelenten der Welt und die Stammform unserer Hausente. Die Erpel mit ihrem schillernd grünen Kopf, dem weißen Halsband und der braunen Brust und die viel schlichter braun gefärbten Weibchen sind an fast jedem Gewässer in Europa zu finden. Die Küken verlassen nach dem Schlüpfen das Nest und werden 50 bis 60 Tage vom Weibchen betreut. Aufgrund der Bedrohung durch Fressfeinde und anderer Gefahren überleben aber nur wenige Küken die ersten Wochen.

Als Allesfresser nehmen Stockenten neben Pflanzen und Samen auch Schnecken, Würmer, Frösche, Insekten sowie kleine Wassertiere zu sich.

Stockenten sind außerordentlich anpassungsfähig und brüten manchmal auch fernab vom Wasser in einer Vielzahl von Lebensräumen.

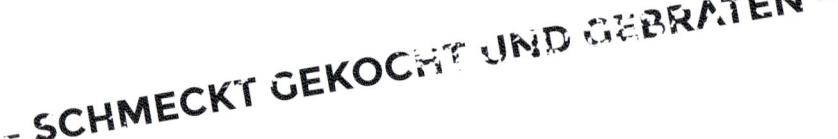

- SCHMECKT GEKOCHT UND GEBRATEN -

TURMFALKE
Falco tinnunculus

COMMON KESTREL | FAUCON CRÉCERELLE

FAMILIE: Falken
GRÖSSE: Körperlänge   33–39 cm
          Flügelspannweite 65–80 cm
GEWICHT: 190–300 g
ANZAHL DER EIER: 4–6
NESTLINGSDAUER: 27–30 Tage
LEBENSERWARTUNG: 15 Jahre
LEBENSWEISE: Standvogel und Kurzstreckenzieher

Übersetzt bedeutet das Wort tinnunculus etwa „klingend" oder „schellend" und weist auf den Ruf des Turmfalken hin. Turmfalken brüten auf hohen Felsen oder Bäumen in alten Krähennestern.

Turmfalken sind die häufigsten und bekanntesten Falken Europas, die vor allem durch ihre Jagdweise auffallen. Die Vögel stellen sich im Flug gegen den Wind und verharren im Rüttelflug mit breit gefächertem Schwanz oft erstaunlich lange an der gleichen Stelle, um nach Mäusen Ausschau zu halten.

Ihre Nahrung besteht vorwiegend aus Wühlmäusen, aber auch aus Käfern, Insekten, Regenwürmern und Vögeln.

Turmfalken besiedeln eine Vielzahl von Lebensräumen wie Felder, Wiesen, Heiden, Moore und auch Gebirge.

- SCHMUCKE FEDERN -

WANDERFALKE

Falco peregrinus

PEREGRINE FALCON | FAUCON PÈLERIN

FAMILIE: Falken
GRÖSSE: Körperlänge   38 – 50 cm
               Flügelspannweite 89 – 113 cm
GEWICHT: 600 – 1300 g
ANZAHL DER EIER: 2 – 5
NESTLINGSDAUER: 35 – 42 Tage
LEBENSERWARTUNG: 17 Jahre
LEBENSWEISE: Standvogel

Wanderfalken sind die am weitesten verbreitete Vogelart der Welt und hochspezialisierte Vogeljäger. Sie schlagen kleine bis mittelgroße Vögel in der Luft und erreichen im Sturzflug Geschwindigkeiten von über 200 km/h. Das Männchen ist um etwa ein Drittel kleiner als das Weibchen, weshalb männliche Falken auch als Terzel bezeichnet werden.

Der Größenunterschied spiegelt sich auch im Nahrungserwerb wieder. Männliche Falken erbeuten meist Vögel bis zu Taubengröße, während Weibchen größere, wie z. B. Stockenten, erbeuten können.

Wanderfalken besiedeln mit Ausnahme der Antarktis alle Kontinente. Sie akzeptieren extrem unterschiedliche Lebensräume, von den feucht-heißen Tropen bis zu den arktischen Küsten und von üppigen Wäldern bis hin zu Wüsten.

– JAGT UNSERE VOGELBEUTE –

PFLANZEN

BEIFUSS

Artemisia vulgaris

MUGWORT | ARMOISE COMMUNE

KURZBESCHREIBUNG: Sommergrüne, ausdauernde krautige Pflanze von 60–200 cm Höhe

LEBENSRAUM: Nährstoffreiche, trockene bis mäßig feuchte Böden, sonniger Standort, kälteresistent bis −40 °C

VEGETATIONSPERIODEN: Blätter von Spätfrühling bis Herbst
Blüten im Sommer
Früchte im Herbst

Die Triebspitzen kurz vor der Blüte können als Gewürz und Heilmittel dienen. Die Wurzel schmeckt süßlich-scharf und kann auch als Gewürz verwendet werden. Aufgrund von giftigen Inhaltsstoffen sollte die Pflanze nur in Maßen und überhaupt nicht während der Schwangerschaft verzehrt werden.

ECHTER BALDRIAN
Valeriana officinalis

VALERIAN | VALÉRIANE OFFICINALE

KURZBESCHREIBUNG: Sommergrüne, ausdauernde krautige Pflanze von 40 – 200 cm Höhe

LEBENSRAUM: Mäßig feuchte bis feuchte Böden in sonniger bis halbschattiger Lage

VEGETATIONSPERIODEN: Blätter von Frühling bis Herbst
Blüten im Sommer
Früchte im Herbst

Die Unterart *Valeriana officinalis sambucifolia* (bzw. die Art *Valeriana sambucifolia*) wächst, anders als der bei uns verbreitete Baldrian, bis in den äußersten Norden Europas und war in der Eiszeit bei uns verbreitet. Ihre Verwendung ist vielfältig und gleicht weitgehend der des hiesigen echten Baldrians:

- Blätter als Salat oder gekocht als Gemüse
- Blüten als Salat
- getrocknete Samen als Knabberei
- Wurzel als hochwirksames Heilmittel zur Entspannung oder Anregung, allerdings leberschädigend
- duftende, getrocknete Wurzel als Kleidungsduft, lockt allerdings Katzen und Ratten an

GOLDENES FRAUENHAARMOOS
Polytrichum commune

COMMON HAIRCAP MOSS | POLYTRIC

KURZBESCHREIBUNG: Dunkelgrüne bis blaugrüne Polster
von 10 – 40 cm Höhe

LEBENSRAUM: Saure, feuchte Standorte in Wäldern oder Mooren

VEGETATIONSPERIODEN: Blätter ganzjährig
Sporenkapseln im Sommer
Sporen im Herbst

Das Frauenhaarmoos bildet große Polster von beachtlicher Dicke. Es ist sehr reißfest und kann zur Herstellung von Seilen verwendet werden. Auch kann man daraus gute Matratzenfüllungen machen oder sich Schlafunterlagen aus den Polstern schneiden. Durch seine Quellfähigkeit kann es darüber hinaus als Abdichtung verwendet werden.

KEULENBÄRLAPP
Lycopodium clavatum

COMMON CLUBMOSS | LYCOPODE EN MASSUE

KURZBESCHREIBUNG: Kriechende, immergrüne ausdauernde Pflanze
von 50 – 400 cm Länge und bis zu 30 cm Höhe

LEBENSRAUM: Karge, lockere, saure, mäßig feuchte bis trockene Böden
in offener Landschaft und in Nadelwäldern

VEGETATIONSPERIODEN: Blätter ganzjährig
Sporenkapseln im Sommer
Sporen im Herbst

Keulenbärlapp ist eine inzwischen streng geschützte Pflanze, dessen Kraut je nach Standort extrem oder schwach giftig ist. Die Sporen sind ungiftig und können vielfältig verwendet werden, können aber auch allergische Reaktionen auslösen. Sie werden als Heilmittel für die Haut und für den Harntrakt benutzt. Der Fettgehalt der Sporen macht aus dem Keulenbärlapp auch eine „magische" Pflanze, denn eine mit den Sporen eingeriebene Hand wird nicht nass, wenn man sie ins Wasser taucht. Und vor allem kann man mit ihnen beeindruckende Feuerbälle erwirken, wenn man eine Handvoll davon ins Feuer wirft.

LÖWENZAHN
Taraxacum officinale

DANDELION | PISSENLIT

KURZBESCHREIBUNG: Sommergrüne, ausdauernde krautige Pflanze
von 5 – 25 cm Höhe

LEBENSRAUM: Nährstoffreiche, mäßig feuchte Böden,
frostresistent bis mindestens –25 °C

VEGETATIONSPERIODEN: Blätter von Frühling bis Herbst
Blüten im Frühling
Früchte im Frühling

Der Löwenzahn ist keine ausgesprochen hochkaltzeitliche Pflanze, kann aber recht tiefe Temperaturen bis hin zu einem polaren Klima aushalten, wenn er im Winter durch Schnee geschützt ist. Er ist aus Ernährungssicht eine wertvolle Pflanze, da alle Teile verzehrt werden können. Der Löwenzahn hat harnfördernde Eigenschaften, worauf der französische Name hinweist (pissenlit = Pinkel-ins-Bett).

MOLTEBEERE
Rubus chamaemorus

CLOUDBERRY | PLAQUEBIÈRE

KURZBESCHREIBUNG: Sommergrüne, ausdauernde krautige Pflanze von 5 – 25 cm Höhe

LEBENSRAUM: Torf, staunasse Böden in offener Landschaft, frostresistent bis –40 °C

VEGETATIONSPERIODEN: Blätter von Frühling bis Herbst
Blüten im Frühling und Sommer
Früchte im Sommer und Herbst

Die Früchte der Moltebeere schmecken roh bitter und sauer mit einem eigenartigen Aroma, das an Terpentin erinnern soll. Sie sind sehr reich an Vitamin C, daher gut gegen Skorbut, und enthalten viele Gerbstoffe, die gegen Durchfall helfen. Ob die eiszeitlichen Menschen die Früchte als Delikatesse genossen haben, ist aufgrund ihres Geschmacks unsicher. Die Moltebeere wird heute mit großen Mengen Zucker verzehrt, eine Zutat, die damals als wilder Honig eher selten war. Dass aber die gesundheitlichen Aspekte bekannt waren und genutzt wurden, ist sehr wahrscheinlich.

PREISELBEERE

Vaccinium vitis-idaea

LINGONBERRY | AIRELLE

KURZBESCHREIBUNG: Immergrüner Zwergstrauch, 10 – 30 cm hoch

LEBENSRAUM: Mäßig feuchte bis mäßig trockene, saure Böden, frostresistent bis –22 °C

VEGETATIONSPERIODEN: Blätter ganzjährig
Blüten im Spätfrühling und Sommer
Früchte im Spätsommer und Herbst

Die Pflanze kann nur unter einer Schneedecke Temperaturen unter minus 22 Grad Celsius überleben, die Höhe der Schneedecke begrenzt dabei ihre Wuchshöhe. Die Früchte haben einen herb-sauren Geschmack und enthalten viel Vitamin C sowie andere Säuren, so dass sie gut als Konservierungsmittel verwendet werden können. Salicylsäure und zahlreiche andere Inhaltsstoffe machen aus den Früchten wertvolle Heilmittel. Der Geschmack der rohen Preiselbeeren ist für uns unangenehm. Inwiefern er den eiszeitlichen Menschen, deren Geschmacksnerven anderes gewöhnt waren als unsere, zugesagt haben mag, muss ein Rätsel bleiben.

SCHLANGEN-KNÖTERICH

Polygonum bistorta

MEADOW BISTORT | RENOUÉE BISTORTE

KURZBESCHREIBUNG: Sommergrüne, ausdauernde, krautige Pflanze von 20 – 200 cm Höhe

LEBENSRAUM: Feuchte, humusreiche Böden

VEGETATIONSPERIODEN: Blätter von Frühling bis Herbst
Blüten im Spätfrühling
Früchte im Spätsommer und Herbst

Der Schlangen-Knöterich ist nicht ganz so kälteresistent und kam vermutlich nicht in den extrem kalten Abschnitten der Eiszeit vor. Er ist ein wertvolles Wildgemüse. Die Blätter können als Salat oder Blattgemüse ähnlich wie Spinat verzehrt werden, die unterirdische Sprossachse enthält Vitamin C und Stärke und kann gebraten oder gekocht werden.

SCHNEEWEISSES FINGERKRAUT
Potentilla nivea

SNOW CINQUEFOIL | POTENTILLE BLANC DE NEIGE

KURZBESCHREIBUNG: Sommergrüne, ausdauernde krautige Pflanze
von 5 – 30 cm Höhe

LEBENSRAUM: Schutthalden, felsiger, trockener Untergrund, an sonnigen Standorten,
sehr frost- und temperaturschwankungsresistent

VEGETATIONSPERIODEN: Blätter von Frühling bis Herbst
Blüten im Sommer
Früchte im Herbst

Obwohl der deutsche Name etwas anderes nahelegt, blüht das Schneeweiße Fingerkraut gelb. Die Pflanze befruchtet sich selbst und ist nicht auf Bestäuber angewiesen, denn sie ist an Klimabedingungen angepasst, unter denen kaum Bestäuber leben. Das schneeweiße Fingerkraut ist ein Verwandter der Blutwurz, einer bekannten Heilpflanze, die allerdings nicht so frostresistent ist und nicht in den kältesten Phasen der letzten Eiszeit in Mitteleuropa wachsen konnte.

SCHNITTLAUCH
Allium schoenoprasum

CHIVES | CIBOULETTE

KURZBESCHREIBUNG: Sommergrüne, ausdauernde krautige Pflanze
von 10 – 50 cm Höhe

LEBENSRAUM: Auf lockeren, nährstoffreichen und feuchten Böden in kaltem Klima

VEGETATIONSPERIODEN: Blätter von Frühling bis Herbst
Blüten im Spätfrühling und Sommer
Früchte im Sommer und Herbst

Die röhrenförmigen Blätter, die nach jedem Rückschnitt wieder austreiben, und die Blüten sind essbar. Wegen seines intensiven Geschmacks war der Schnittlauch sicherlich ein Bestandteil der eiszeitlichen Küche.

SUMPFPORST

Ledum palustre

MARSH LABRADOR TEA | LÉDON DES MARAIS

KURZBESCHREIBUNG: Immergrüner Strauch, 30 bis 120 cm hoch

LEBENSRAUM: Sonnig bis schattig, mäßig feuchte bis feuchte Böden, kälteresistent bis −45 °C

VEGETATIONSPERIODEN: Blätter ganzjährig
Blüten im Spätfrühling
Früchte im Sommer

Das Kraut enthält ätherische Öle, ihm werden vielfältige Heilkräfte zugesprochen. Darüber hinaus kann es Rauschzustände hervorrufen. Vorsicht! Die Blätter enthalten giftige Verbindungen und können bei unsachgemäßer Anwendung dauerhafte Schäden, z. B. der Harnwege, herbeiführen.

ZWERGBIRKE
Betula nana

DWARF BIRCH | BOULEAU NAIN

KURZBESCHREIBUNG: Kleiner kriechender oder stehender, sommergrüner Strauch von 20 bis 50 cm Höhe, selten bis 1 m.

LEBENSRAUM: Torf, staunasse Böden in offener Landschaft mit kühlem Klima

VEGETATIONSPERIODEN: Blätter von Frühling bis Herbst
Blüten im Frühling
Früchte im Sommer

Die Zwergbirke ist ein Baum, der unter extrem kalten Bedingungen wachsen kann. Sie eignet sich aber aufgrund ihrer geringen Größe nur bedingt zur Holzgewinnung. Die Blätter können verzehrt werden. Andere, weniger kälteresistente Birkenarten kamen während der Eiszeit in geschützten Lagen vor. Viele Teile dieser Bäume können vom Menschen verwendet werden:

- Holz für Speere, Zeltstangen, Geräte
- gekochte innere Rinde als Beilage
- junge Blätter als Salat
- Aufguss der jungen Blätter, frisch oder getrocknet, als Heilmittel
- Saft des Baumes, im Frühling geerntet und verdünnt, als Getränk
- Die Rinde kann, durch ein komplexes und immer noch nicht vollkommen verstandenes Verfahren, zu Birkenteer (Birkenpech) verarbeitet werden. Dieser dient als Kleber und ist der erste Kunststoff der Welt, der bereits von den Neandertalern hergestellt wurde.

AUSSICHTEN

IN WAS FÜR EINER ZEIT LEBEN WIR HEUTE?

>> Die heutige Zeit wird erdgeschichtlich als Holozän (Jetztzeit) bezeichnet und begann vor 11 600 Jahren. Es handelt sich um eine Warmzeit innerhalb des letzten Eiszeitalters. Die wärmste und niederschlagreichste Phase dieser Zeit war zwischen 8850 und 6250 Jahren vor heute. Die Temperaturen lagen im Durchschnitt zwei Grad Celsius über den heutigen. Seitdem ist es etwas kühler und trockener geworden.

WAS KOMMT ALS NÄCHSTES?

>> Wenn man den Einfluss des Menschen auf das Klima unberücksichtigt lässt und nur die natürlichen Faktoren betrachtet, dann kommt nach dem Holozän wieder eine Kaltzeit. Je nach Modellrechnung bzw. Prognose könnte das in den nächsten 2000 bis 3000 Jahren oder erst in 15 000 Jahren passieren. Der Wechsel von einer Warmzeit zu einer Kaltzeit kann innerhalb weniger Jahrhunderte oder Jahrzehnte erfolgen.

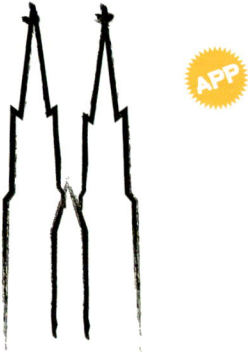

WAS BEWIRKT DER MENSCH?

>> Vor allem durch die Freisetzung von Treibhausgasen wie z. B. Kohlendioxid oder Methan ist der Mensch ein immer stärkerer Klimaparameter. Seit Beginn der Industrialisierung im 18. Jahrhundert haben die menschlichen Aktivitäten zu einer Erwärmung und damit einhergehend zu einem Meeresspiegelanstieg geführt. Mit anhaltender Freisetzung von Treibhausgasen, vor allem durch die Verwendung fossiler Brennstoffe, wird sich dieser Trend auch in der Zukunft verstärkt fortsetzen. Nach Modellrechnungen könnte der Meeresspiegel bis 2100 um einen Meter steigen. Die Folgen der Klimabeeinflussung durch den Menschen sind vielfältig und schwer absehbar.

ÄNDERT SICH DAS KLIMA, ÄNDERT SICH DIE TIERWELT

>> In der letzten Eiszeit war der Steppenbison als Vertreter seiner Gattung und Bewohner der offenen Kältesteppe weit verbreitet. Mit der Erwärmung zu Beginn der Jetztzeit starb er jedoch aus. Die Kältesteppe hatte sich in eine Landschaft mit Laub- und Mischwäldern gewandelt. In diesen war nun der Wisent der Vertreter der Bisons. Der Artwechsel fand in Folge des natürlichen Klimawechsels statt.

Ein Beispiel für eine Veränderung in unserer Tierwelt im Zusammenhang mit dem menschlichen Klimaeinfluss ist der Goldschakal. Dieser war bisher nur in Süd- und Südosteuropa, Asien sowie Nord- und Ostafrika beheimatet. Mittlerweile dringt er aber immer häufiger nach Norden vor, z. B. in die Schweiz und nach Österreich. Im Jahr 2000 wurde sogar in der Lausitz in Brandenburg ein Exemplar gesichtet.

WISENT / EUROPÄISCHER WALDBISON

Bison bonasus

EUROPEAN BISON | BISON D'EUROPE

FAMILIE: Hornträger
GRÖSSE: Kopfrumpflänge 215–310 cm
          Schulterhöhe   160–210 cm
GEWICHT: 320–840 kg
LEBENSERWARTUNG: 25 Jahre
NAHRUNG: Pflanzenfresser
LEBENSWEISE: Herdentiere, Männchen sind Einzelgänger

Die Wisente sind die größten Rinder und die schwersten Landsäugetiere im heutigen Europa. Der Vorderkörper ist sehr massiv. Bei beiden Geschlechtern sind relativ kleine, rundlich nach innen gebogene Hörner vorhanden. Die Rückenlinie beim Wisent verläuft hinter dem charakteristischen kleinen Buckel am Widerrist deutlich flacher als beim amerikanischen Bison. Die Bullen sind größer und fast doppelt so schwer wie die Kühe. Ihre Nahrung besteht aus Kräutern, Blättern, Trieben, Zweigen, Rinde und Gräsern. Das Wisent erscheint in Europa zum ersten Mal am Ende der letzten Eiszeit. Seine Lebensräume sind Misch- und Laubwaldgebiete mit offenen Lichtungen und stellenweise subalpine Bergwälder.

GOLDSCHAKAL
Canis aureus

GOLDEN JACKAL | CHACAL DORÉ

FAMILIE: Hunde
GRÖSSE: Kopfrumpflänge 76–95 cm
                  Schulterhöhe 35–50 cm
GEWICHT: 6,5–12 kg
LEBENSERWARTUNG: 8 Jahre
NAHRUNG: Allesfresser
LEBENSWEISE: entweder paarweise oder kleine Familienrudel

Goldschakale sind mittelgroße Wildhunde. Ihren Namen verdanken sie der goldgelben Fellfarbe. In der Färbung sind starke regionale Unterschiede festzustellen. Männchen und Weibchen leben ortsgebunden in fester Ehe zusammen. Das Weibchen bringt in einer geschützten Höhle sechs bis neun Welpen zur Welt.

Ihre Nahrung besteht aus kleinen Säugetieren, Vögeln, Reptilien, Amphibien, Insekten, Spinnentieren, Aas, Früchten und Beeren. Goldschakale bevorzugen offene Graslandschaften, Savannen, Halbwüsten und felsige Gegenden. Sie kommen vom südlichen Asien, über Indien und den Nahen Osten bis zum Balkan sowie im nördlichen und westlichen Afrika und auf der Arabischen Halbinsel vor. Seit einigen Jahrzehnten vergrößern sie im Zuge der Klimaerwärmung ihr Verbreitungsgebiet nach Norden. Sie sind deshalb heute in Teilen Ungarns, Norditaliens und sogar in der Schweiz und im Osten Österreichs anzutreffen.

ERDE OHNE EIS?

>> Würden alle heutigen Eismassen auf der Erde durch eine über Jahrtausende anhaltende Klimaerwärmung abschmelzen, dann ginge damit nicht nur ein Eiszeitalter zu Ende, sondern der Meeresspiegel würde um 66 Meter ansteigen. Übertragen auf die heutige Landmassen- und Städteverteilung hätte ein solcher Extremanstieg zur Folge, dass z. B. New York, London, Venedig und Berlin unter Wasser lägen und Dortmund und Köln Küstenstädte wären.

Eine eisfreie Erde gab es letztmalig vor etwa 35 Millionen Jahren im Eozän. Damals herrschten in Deutschland teilweise tropische Verhältnisse.

Dublin

London
Brüssel

Amsterdam
Dortmund

Berlin

Kopenhagen

Stockholm
Helsinki
Tallinn
St. Petersburg
Riga

Venedig

Odessa

Lissabon

Barcelona

Rom

Istanbul

Tunis

Tripolis

Beirut

Bagdad
Kuwait
Doha
Dubai

Alexandria
Kairo

NOCH MEHR EISZEIT-ERLEBNIS?
DIE APP ZUM BUCH UND ZUR AUSSTELLUNG

>> Die App „Eiszeit-Safari" erweckt Menschen und Tiere der letzten Eiszeit zum Leben. Mit Filmen und bebilderten Audiosequenzen tauchen Sie in eine fremde Welt ein. Lassen Sie sich von den Scouts Urs und Lena auf eine ganz besondere Safari mitnehmen. Wagen Sie einen Blick in Ihr „Eiszeithotel", schauen Sie den Menschen beim Jagen, Feuermachen, Kochen oder Feiern über die Schulter und erfahren Sie mehr über die besonderen Lebensweisen von Mammut, Wollhaarnashorn und anderen Eizeitriesen.

Mit anregenden, spannenden und spaßigen Spielen sowie einem Wissensquiz können Sie auf vielfältige Weise das Leben in der Eiszeit erkunden und testen, ob Sie für eine Zeitreise gut vorbereitet sind. Selbstverständlich kommen auch die kulinarischen Aspekte dabei nicht zu kurz. Über ein besonderes Menüspiel erhalten Sie Einblicke in die eiszeitliche Paläo-Diät und erfahren so z. B., ob und wann eine Eiszeitreise für Vegetarier ratsam wäre.

Die App mit allen Funktionen kann in der Ausstellung und in Verbindung mit diesem Reisebegleiter benutzt werden. Sämtliche hierfür erforderliche Icons finden Sie im Buch mit einem Hinweis* abgedruckt. Die Spiele können jederzeit verwendet werden.

Die App ist deutschsprachig und hat jeweils eine spezielle Infoebene für Erwachsene und Kinder. Der englischsprachige Ausstellungsbesucher hat die Möglichkeit, über die App die Ausstellungstexte und die Filme auf Englisch abzurufen.

Die App ist für iOS und Android optimiert und kann kostenlos in den einschlägigen App-Stores heruntergeladen werden. Die Funktionsweise wird mit dem erstmaligen Aufrufen und Öffnen der App erklärt. Nach der Spracheinstellungsabfrage erscheinen die Nutzungshinweise. Durch Drücken des OK-Buttons gelangt man zum Startbildschirm – von hier aus geht die „Reise" los, wahlweise mit den Buttons „Spiele" oder „Scanner". Über den Button „Informationen" oder über www.eiszeit-safari.de erfahren Sie Aktuelles zur Ausstellung.

*

EISZEIT-SAFARI: URZEITABENTEUER FÜR KIDS

>> Das unterhaltsame und sehr reich bebilderte Begleitheft richtet sich speziell an die jüngeren Eiszeitfans. Neben spannenden Sachinfos zum Leben ausgewählter Tiere und der Menschen der letzten Eiszeit, erzählt aus der Perspektive eines kleinen Mammuts mit dem Namen „MannoMiniMammut", gibt es Spiele und Rätsel, mit denen man sich auf eine besondere Entdeckungstour begeben kann.

Herausgegeben von Alfried Wieczorek & Wilfried Rosendahl
56 Seiten, farbig, 24×17 cm, ISBN 978−3−89937−205−2

Erhältlich für 7,90 Euro unter www.pfeil-verlag.de oder über den Buchhandel
sowie zum Sonderpreis von 4,90 Euro in der Ausstellung
(zum aktuellen Standort der Ausstellung siehe www.eiszeit-safari.de)

FRED IN DER EISZEIT.
DER FEUERZAUBER

>> „Feuer ist Macht", sagt der Löwenmann.
„Es kann wärmen, es kann zerstören,
es kann sogar vom Himmel fallen.
Und man kann es als Waffe einsetzen."

Fred ist schon in viele Länder und viele vergangene Kulturen gereist. Dass er sein nächstes Abenteuer ausgerechnet in Deutschland erlebt, hätte er nicht gedacht. Während einer Höhlentour auf der Schwäbischen Alb zaubert ihn ein Feuerfunke durch die Zeit:
in eine Vergangenheit vor über 30 000 Jahren!

Wie haben die Menschen damals gelebt? Das erfährt Fred hautnah, denn seine neue Familie nimmt ihn freundlich auf. Dass in der Eiszeit aber auch Gefahren lauern, lernt er, als er seinen Freund Bo durch die karge Wildnis begleitet. Denn plötzlich stehen sie einem Höhlenlöwen gegenüber, der so groß ist wie sie! Und Bo hat mit seinem Speer noch nie auf etwas anderes als einen Busch gezielt …

In „Fred in der Eiszeit" verknüpft die Autorin Birge Tetzner wissenschaftlich fundierte Sachinformation mit einer spannenden Geschichte. Der Alltag, die Herausforderungen, die möglichen Glaubensvorstellungen der Menschen des Aurignacien werden so lebendig.

Hörspiel im Digipak mit informativem Booklet
1 CD | ab 9 Jahren
Autorin: Birge Tetzner
ISBN: 978-3-9815998-5-5
Verlag: ultramar media | www.ultramar-media.com
Fred auf facebook: www.facebook.de/FredHoerspiele

Weitere Hörspiele der Reihe „Fred – archäologische Abenteuer", z. B. ins alte Ägypten, zu den Wikingern oder ins antike Griechenland, gibt es unter www.ultramar-media.com oder im Buchhandel.

AUCH INTERESSANT! – LITERATUREMPFEHLUNGEN

Ehlers, J. (2011): Das Eiszeitalter. – 367 S.; Spektrum Akademischer Verlag, Heidelberg.

Fagan, B. (2012): Cro-Magnon: Das Ende der Eiszeit und die ersten Menschen. – 288 S.; Theiss Verlag, Stuttgart.

Fiedler, L., Rosendahl, G. & Rosendahl, W. (2010): Altsteinzeit von A-Z. – 415 S.; WBG, Darmstadt.

Floss, H. (Hrsg.) (2012): Steinartefakte: Vom Altpaläolithikum bis in die Neuzeit. – 986 S.; Kerns Verlag, Tübingen.

Kahlke, R. D. & Mol, D. (2005): Eiszeitliche Großsäugetiere der Sibirischen Arktis: Die Cerpolex /Mammuthus-Expeditionen auf Tajmyr. – 96 S.; Schweizerbart'sche Verlagsbuchhandlung, Stuttgart.

Kempe, S. & Rosendahl, W. (Hrsg.) (2008): Höhlen. Verborgene Welten. – 168 S; Primus Verlag, Darmstadt.

Klostermann, J. (2009): Das Klima im Eiszeitalter. – 260 S.; Schweizerbart'sche Verlagsbuchhandlung, Stuttgart.

Koenigswald, W. v. (2015): Lebendige Eiszeit – Klima und Tierwelt im Wandel. – 190 S.; WBG (Neuauflage), Darmstadt.

Lister, A. & Bahn, P. (2009): Mammuts: die Riesen der Eiszeit. – 192 S.; Thorbecke Verlag, Sigmaringen.

LVR-LandesMuseum Bonn (Hrsg.) (2014): Eiszeitjäger. Leben im Paradies? Europa vor 15 000 Jahren. – 348 S.; NA-Verlag, Mainz.

Rabeder, G., Nagel, D. & Pacher, M. (2000): Der Höhlenbär. – 111 S.; Thorbecke Verlag, Sigmaringen.

Schrenk, F. (2008): Frühzeit des Menschen: Der Weg zum Homo sapiens. – 128 S.; C. H. Beck Verlag, München.

Seeberger, F. (Hrsg.) (2003): Steinzeit selbst erleben. – 178 S.; Theiss Verlag, Stuttgart.

Sirocko, F. (Hrsg.) (2012): Wetter, Klima, Menschheitsentwicklung: Von der Eiszeit bis ins 21. Jahrhundert. – 208 S.; Theiss Verlag, Darmstadt.

Wamers, E. (Hrsg.) (2015): Bärenkult und Schamanenzauber: Rituale früher Jäger. – 120 S.; Schnell & Steiner Verlag, Regensburg.

ANHANG

PROJEKT-IMPRESSUM

Gesamtleitung
Alfried Wieczorek
Generaldirektor der rem gGmbH und der Reiss-Engelhorn-Museen Mannheim

Wissenschaftliche Projektleitung
Wilfried Rosendahl
Direktor rem gGmbH und der Reiss-Engelhorn-Museen Mannheim

Kuratoren
Doris Döppes, Gaëlle Rosendahl, Wilfried Rosendahl, Sarah Nelly Friedland

Ausstellungsorganisation
Sarah Nelly Friedland

Finanzcontrolling
Sven Wiegand (Leitung), Tolgan Disli

Ausstellungstexte
Doris Döppes, Matthias Feuersenger, Sarah Nelly Friedland, Gaëlle Rosendahl,
Wilfried Rosendahl

Kindertexte
Gaëlle Rosendahl

Ausstellungsgraphik
Katharina Kreger-Schwerdt / Kreger & Fries | PR- & Kreativ-Agentur

Konservatorische Betreuung
Matthias Feuersenger

Rekonstruktionen und Objektbau
Remie Bakker, Manimalworks, Rotterdam (NL) | Sebastian Brandt, Reco-Brandt, Kornhochheim
Peter Brunsbach, 3D Culture, Oestrich-Winkel | Lisa Büscher, lifelike, Berlin
Matthias Feuersenger, rem, Mannheim | Christine Frischauf, Wien (A)
Dominik Janouschkowetz, Bottrop | Oliver Kunze, Stuttgart
Ramon Lopez, Quagga Associats, Barcelona (E) | Urs Oberli, St. Gallen (CH)
Treasures of the Earth, Holsopple, PA (USA) | Rudolf Walter, Urgeschichte hautnah, Schelklingen

Skelettabgüsse mit freundlicher Genehmigung von
Auerochse: Naturhistorisches Museum, Braunschweig
Höhlenhyäne: Krahuletz-Museum, Eggenburg (A) / Staatliches Museum für Naturkunde Stuttgart
Höhlenlöwe: Südostbayerisches Naturkunde- und Mammut-Museum Siegsdorf
Mammut: Musée Cantonal de Géologie, Lausanne (CH)
Riesenhirsch: Naturhistorisches Museum, Mainz

Kulissen
AMF Theaterbauten, Erdmannhausen

App
Inhalt und Konzept Gaëlle Rosendahl unter Mitarbeit von
Kenji Brand, Doris Döppes, Wilfried Rosendahl
Umsetzung: Virtourio, Köln

Filmsequenzen
Spelefilm Uwe Krüger, Rammingen
Regie/Kamera Uwe Krüger
Buch Uwe Krüger / Rudolf Walter

Darsteller
Wolfgang Bausch, Gabriele Dalferth, Christof Harlacher, Renate Krüger, Cédric Rosendahl,
Yannick Rosendahl, Florin Scherzer, Rudolf Walter

Sprecher
Finn Kiefl, Tine Kiefl, Jasmin Krüger, Andrew Leal, Anna-jo Mühlich, Oliver Schwarz,
Jörg Zenker

Übersetzungen
Krister Johnson, Magdeburg (engl.)

Wir danken:
National Geographic Deutschland für die Medienkooperation und die kostenfreie Bereitstellung
von Karten und Grafiken.
Der Klaus Tschira Stiftung aus Heidelberg für die großzügige finanzielle Unterstützung von
Tierrekonstruktionen.

BILDQUELLEN

EISZEITEN
10, Amezackle Public Domain Wikimedia; 11, oben, NASA gemeinfrei Wikimedia; 11, unten, NASA gemeinfrei Wikimedia; 13, Jef123 CC ASA 3.0 Wikimedia; 14, Richard Stallmann, GNUFDL 1.2 Wikimedia; 15, Henrik Karhu GNUFDL 1.2 Wikimedia; 17, National Geographic Deutschland; 18, National Geographic Deutschland; 19, National Geographic Deutschland; 23, Haneburger gemeinfrei Wikimedia; 27, Doris Döppes; 28, gemeinfrei Wikimedia; 29, Josef Reischig CC ASA 3.0 Wikimedia; 30, Joe Mastroianni NSF gemeinfrei Wikimedia; 31, NASA Ludovic Brucker gemeinfrei Wikimedia.

SERVICETEIL
36, rechts und links, Tobias Schwerdt; 39, Uwe Krüger; 40, 4er-Reihe links, Uwe Krüger; 40, rechts, Oliver Schwarz; 42, unten Uwe Krüger; 43, Oliver Schwarz; 44, oben Rudolf Walter; 45, mitte-oben, mitte-unten und unten Uwe Krüger; 46, unten Uwe Krüger; 48, unten Uwe Krüger; 49, unten Uwe Krüger; 53, mitte-oben Uwe Krüger; 55, links Uwe Krüger; 60, mitte-unten und unten Uwe Krüger; 62, LVR-Landesmuseum Bonn.

SÄUGETIERE
73, Bildmontage Katharina Kreger-Schwerdt, Grundlage Tobias Schwerdt (Rekonstruktionen) und Wilfried Rosendahl (Landschaft); 76-77, Auerochse: Skelett, Tobias Schwerdt; 78-79, Bildmontage Katharina Kreger-Schwerdt, Grundlage Tobias Schwerdt (Tier) und Chamee2/Valtameri GNUFDL Wikimedia (Landschaft); 85, Hagerty Ryan U.S. Fish and Wildlife Service, gemeinfrei Wikimedia; 87, Quartl CC BY-SA 3.0 Wikimedia; 89, Manfred Werner CC BY-SA 3.0 Wikimedia; 90-91, Höhlenbär: Skelett, Tobias Schwerdt; 92-93, Bildmontage Katharina Kreger-Schwerdt, Grundlage Tobias Schwerdt (Rekonstruktionen) und Wilfried Rosendahl (Landschaft); 94-95, Christine Frischauf; 96-97, Bildmontage Katharina Kreger-Schwerdt, Grundlage Tobias Schwerdt (Rekonstruktion) und Wilfried Rosendahl (Landschaft); 98-99, Tobias Schwerdt; 100-101, Bildmontage Katharina Kreger-Schwerdt, Grundlage Tobias Schwerdt, (Rekonstruktion) und Wilfried Rosendahl (Landschaft); 103, Rute Martins of Leoa's Photography CC BY-SA 3.0 Wikimedia; 105, Thomas Döppes; 106-107, Mammutmuseum Niederwenigen/CH; 108-109, Bildmontage Katharina Kreger-Schwerdt, Grundlage Remie Bakker (Rekonstruktionen) und Wilfried Rosendahl (Landschaft); 113, groß, Mark Steensma CC BY-SA 3.0 Wikimedia; 115, Rudi Mick; 117, Alexandre Buisse CC BY-SA 3.0 Wikimedia; 120-121, Bildmontage Katharina Kreger-Schwerdt, Grundlage Tobias Schwerdt (Rekonstruktionen) und APL CC BY-SA 3.0 Wikimedia (Landschaft); 123, Rudi Mick; 125, Bill Ebbesen CC BY-SA 3.0 Wikimedia; 127, Sterilgutassistentin GNU GPL Wikimedia; 128-129, W0zny CC BY-SA 3.0 Wikimedia; 130-131, Remie Bakker; 133, William F. Food CC BY-SA 4.0 Wikimedia; 135, GrottesdeHan CC BY-SA 3.0 Wikimedia; 136, Rudolf Walter; 144-145, Remie Bakker.

VÖGEL
149, VNP GNUFDL Wikimedia; 151, Staycoolandbegood gemeinfrei Wikimedia; 153, Doris Döppes; 157, Dave Menke gemeinfrei Wikimedia; 159, Syrio CC BY-SA 4.0 Wikimedia; 163, Juan Lacruz CC BY-SA 3.0 Wikimedia; 169, Rudi Mick.

PFLANZEN
173, Assianir CC BY-SA 3.0 Wikimedia; 175, 4028mdk09 CC BY-SA 3.0 Wikimedia; 177, Cèdric Rosendahl; 179, Christian Fischer CC BY-SA 3.0 Wikimedia; 181, 4028mdk09 CC BY-SA 3.0 Wikimedia; 185, Yarekstryj CC BY-SA 3.0 Wikimedia; 193, Ilme Parik CC BY-SA 3.0 Wikimedia.

AUSSICHTEN
201, Bildmontage von Katharina Kreger-Schwerdt unter Verwendung je eines Fotos von Velvet CC ASA 4.0 Wikimedia und Liam Quinn CC ASA 2.0 Wikimedia; 203, Bildmontage von Katharina Kreger-Schwerdt unter Verwendung je eines Fotos von Velvet CC ASA 4.0 Wikimedia und SkitterPhoto Public Domain; 205, Wilfried Rosendahl unter Verwendung eines Fotos von Alexandra Behrend; 207, GrottesdeHan CC BY-SA 3.0 Wikimedia; 209, Artemy Voikhansky CC BY-SA 3.0 Wikimedia; 211, National Geographic Deutschland.

Erntekalender: Katharina Kreger-Schwerdt

Alle anderen Fotos Wilfried Rosendahl, rem Mannheim

Selbst, wenn wir unter
Wasser sprechen könnten,
gäbe es noch Momente,
die uns sprachlos machen.

NATIONAL GEOGRAPHIC ist Medienpartner
der Eiszeit-Safari und wünscht allen „Reisenden"
viel Spaß und zahlreiche Sprachlos-Momente.

**NATIONAL
GEOGRAPHIC**

Abenteuer von Welt.

REGISTER

ERNTEKALENDER

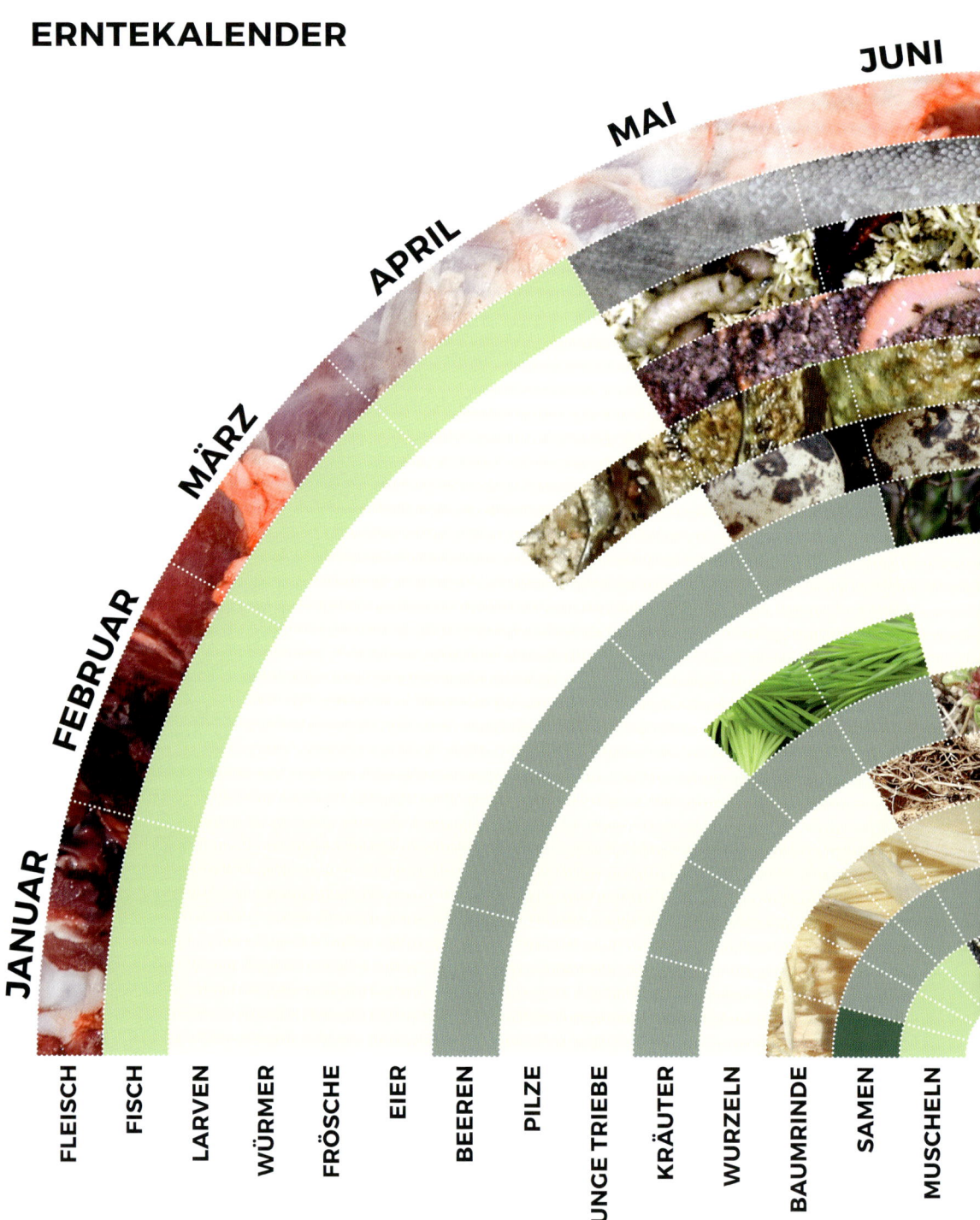

JANUAR · FEBRUAR · MÄRZ · APRIL · MAI · JUNI

FLEISCH · FISCH · LARVEN · WÜRMER · FRÖSCHE · EIER · BEEREN · PILZE · JUNGE TRIEBE · KRÄUTER · WURZELN · BAUMRINDE · SAMEN · MUSCHELN

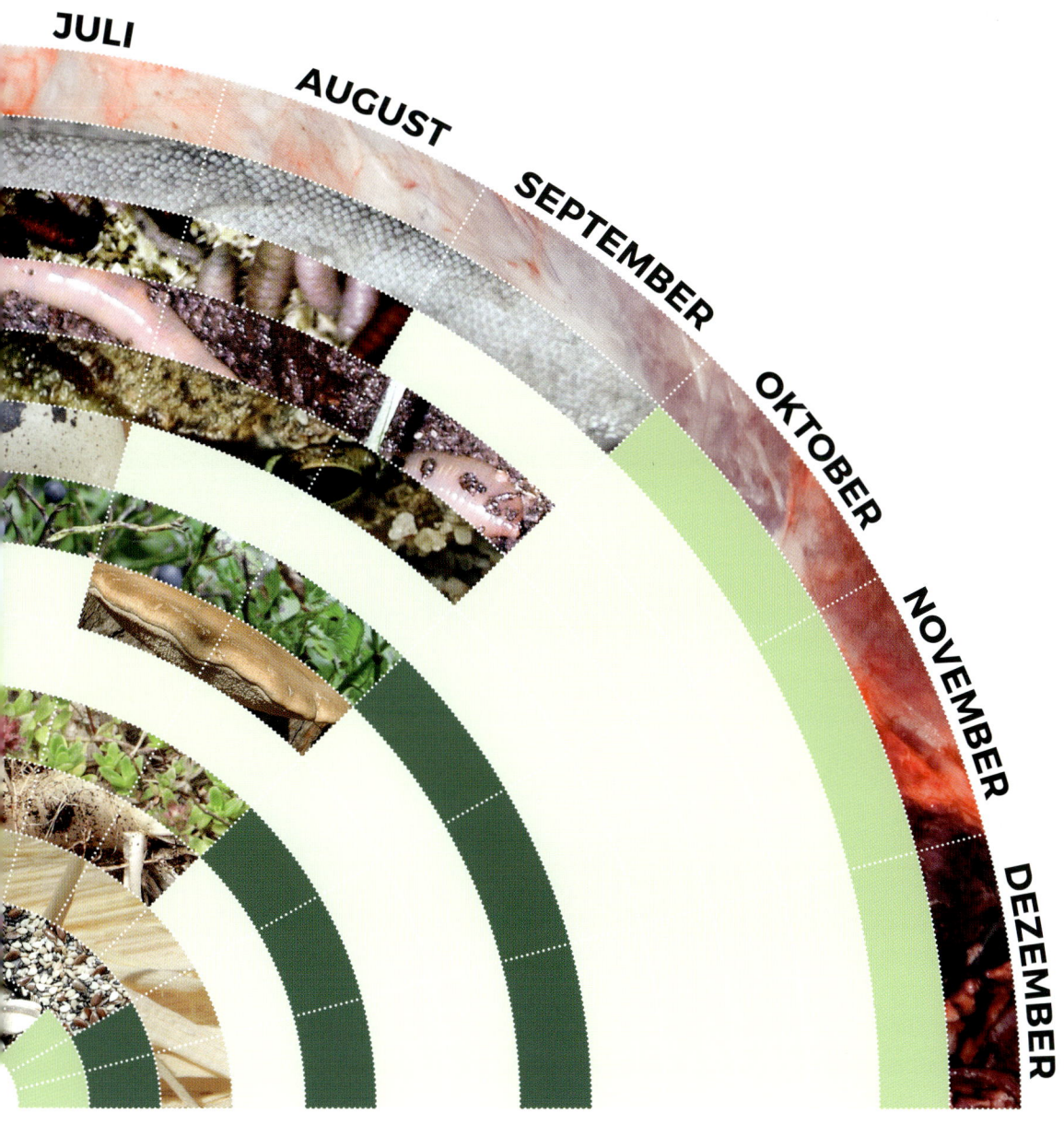

JULI

AUGUST

SEPTEMBER

OKTOBER

NOVEMBER

DEZEMBER

NICHT VERFÜGBAR

VERFÜGBAR, WENN DAS EIS NICHT ZU DICK IST

KONSERVIERT VERFÜGBAR

EVTL. KONSERVIERT VERFÜGBAR